Aviso legal

Saage Media GmbH
c/o SpinLab – The HHL Accelerator
Spinnereistraße 7
04179 Leipzig, Germany
E-Mail: contact@SaageMedia.com
Web: www.SaageMedia.com
Commercial Register: Local Court Leipzig, HRB 42755 (Handelsregister: Amtsgericht Leipzig, HRB 42755)
Managing Director: Rico Saage (Geschäftsführer)
VAT ID Number: DE369527893 (USt-IdNr.)

Editorial: Saage Media GmbH
Publicación: 02.2025
Diseño de portada: Saage Media GmbH
ISBN Tapa blanda (es): 978-3-384-52448-5
ISBN Ebook (es): 978-3-384-52449-2

Legal / Avisos

Los enlaces externos y las referencias a fuentes enumerados en este libro fueron verificados al momento de la publicación. El autor no tiene influencia sobre los diseños y contenidos actuales y futuros de las páginas vinculadas. El proveedor del sitio web vinculado es el único responsable de los contenidos ilegales, incorrectos o incompletos, así como de los daños que surjan del uso o no uso de la información, no quien hace referencia a la publicación respectiva a través de enlaces. Todas las fuentes externas utilizadas se enumeran en la bibliografía. A pesar del cuidadoso control del contenido, no asumimos ninguna responsabilidad por el contenido de fuentes externas. Los operadores de las fuentes citadas son los únicos responsables de su contenido. Las imágenes y fuentes de terceros están marcadas como tales. La reproducción, procesamiento, distribución y cualquier tipo de explotación fuera de los límites de los derechos de autor requieren el consentimiento por escrito del autor o creador respectivo.
Este libro ha sido traducido del alemán. No se pueden descartar completamente las desviaciones del original o los errores de traducción. Todas las fuentes citadas en el libro están disponibles en inglés. No asumimos ninguna responsabilidad por inexactitudes o malentendidos de contenido que puedan surgir por la traducción.
Los datos de los diagramas que no están marcados explícitamente con una fuente no se basan en estudios, sino que son suposiciones no vinculantes para una mejor visualización.
Este libro fue creado utilizando Inteligencia Artificial (IA) y otras herramientas. Entre otras cosas, se utilizaron herramientas para la investigación, la escritura/edición y la generación de ilustraciones decorativas. A pesar del control, no se pueden descartar completamente los errores. Nos gustaría enfatizar que el uso de la IA sirve como herramienta de apoyo para proporcionar a nuestros lectores una experiencia de lectura de alta calidad e inspiradora.

Las referencias y citas contenidas en este libro han sido cuidadosamente investigadas y reproducidas en su significado. La interpretación y presentación del contenido citado refleja la comprensión del autor y no necesariamente corresponde con la intención u opinión de los autores originales. Para las citas parafraseadas, las declaraciones principales de las fuentes originales se han incorporado al contexto de esta obra según el mejor saber y entender, pero pueden desviarse de las formulaciones originales y matices de significado debido a la transferencia y simplificación. Todas las fuentes utilizadas están completamente listadas en la bibliografía y pueden leerse allí en el original. La responsabilidad de la interpretación y la incorporación contextual del contenido citado recae en el autor de este libro. Para preguntas científicas e información detallada, se recomienda consultar las fuentes originales. El autor se ha esforzado por presentar temas científicos complejos de manera generalmente comprensible. No se pueden excluir simplificaciones y generalizaciones. No se puede garantizar la exactitud técnica y la integridad de las presentaciones simplificadas. La reproducción parafraseada de citas y hallazgos científicos se realiza conscientemente cumpliendo con la ley de citas según § 51 UrhG y todas las disposiciones relevantes de derechos de autor de otros países. Al simplificar, transferir y posiblemente traducir contenido científico a un lenguaje generalmente comprensible, se pueden perder matices de significado y detalles técnicos. El autor no reclama derechos sobre las obras citadas y respeta todos los derechos de autor de los autores originales. Si se detecta un uso no autorizado, el autor solicita ser notificado para tomar las medidas apropiadas. Para fines académicos y cuando se utiliza como referencia científica, se recomienda expresamente consultar las fuentes originales. La presentación simplificada sirve exclusivamente para información científica popular.
La información contenida en este libro sobre la instalación y el cuidado de acuarios nano ha sido cuidadosamente investigada y compilada con el mejor conocimiento posible. Sin embargo, no se puede garantizar la exactitud y la integridad de los datos. El mantenimiento de peces y otros organismos acuáticos requiere especial cuidado y responsabilidad. No se asume ninguna responsabilidad por daños o pérdidas que puedan surgir de la aplicación de los métodos y consejos descritos. Esto se aplica especialmente al bienestar de los habitantes del acuario, así como a daños técnicos y de infraestructura acuática. La acuarística está sujeta a un desarrollo constante. Nuevos conocimientos sobre el mantenimiento de peces, la química del agua y el equipo técnico pueden hacer que cierta información no esté actualizada en el momento de la lectura. Los productos y nombres de marca mencionados son propiedad de sus respectivos titulares de derechos y se utilizan sin garantía de libre disponibilidad. Las referencias detalladas a hallazgos científicos y estudios se pueden encontrar en el apéndice. Este libro no sustituye el asesoramiento experto de acuaristas experimentados o comerciantes de zoológicos. Se recomienda encarecidamente consultar a expertos en caso de preguntas específicas sobre el mantenimiento de peces, enfermedades de los habitantes del acuario o problemas técnicos.

Bendis Saage

Acuario Nano: Guía Completa para Diseñar y Mantener tu Nano Acuario

Todo sobre acuario miniatura, acuario pequeño diseño y acuariofilia: desde la instalación técnica hasta el cuidado de peces acuario y plantas acuáticas

62 Fuentes
45 Diagramas
50 Imágenes
7 Ilustraciones

Queridos lectores,

les agradecemos de corazón que hayan elegido este libro. Con su elección, no solo nos han brindado su confianza, sino también parte de su valioso tiempo. Lo apreciamos mucho.

Los nano-acuarios están totalmente de moda, pero el desafío radica en el equilibrio perfecto de estos ecosistemas en miniatura. Los pequeños acuarios de entre 12 y 35 litros requieren un conocimiento especial en su instalación y mantenimiento. Este manual práctico muestra de manera sistemática en qué se debe enfocar al diseñar acuarios nano de agua dulce y salada. Paso a paso se abordan todos los aspectos relevantes: desde la selección de componentes técnicos adecuados hasta la planificación de la fauna apropiada y las estrategias de cuidado probadas. Se pone un énfasis especial en la estabilización del equilibrio biológico a través de una filtración y tratamiento del agua optimizados. Con esta guía, lograrás la instalación y el mantenimiento duradero de un nano-acuario saludable, ya sea como un relajante espectáculo natural en la sala de estar o como un fascinante mini arrecife en la oficina. Descubre ahora el arte de la acuarística en miniatura y crea tu propio biotopo submarino perfectamente funcional.

Esta guía le proporciona información comprensible y práctica sobre un tema complejo. Gracias a herramientas digitales desarrolladas internamente que también utilizan redes neuronales, pudimos realizar investigaciones exhaustivas. El contenido se ha estructurado de manera óptima y desarrollado hasta la versión final para proporcionarle una visión general bien fundamentada y de fácil acceso. El resultado: obtiene una visión integral y se beneficia de explicaciones claras y ejemplos ilustrativos. El diseño visual también se ha optimizado mediante este método avanzado para que pueda captar y utilizar la información rápidamente.

Nos esforzamos por la máxima precisión, pero agradecemos cualquier indicación de posibles errores. Visite nuestro sitio web para encontrar las últimas correcciones y adiciones a este libro. Estas también se incorporarán en futuras ediciones.

¡Esperamos que disfrute leyendo y descubriendo cosas nuevas! Si tiene sugerencias, críticas o preguntas, esperamos sus comentarios. Solo mediante el intercambio activo con ustedes, los lectores, las futuras ediciones y obras podrán ser aún mejores. ¡Manténgase curioso!

Bendis Saage

Saage Media GmbH - Equipo

- www.SaageBooks.com/es
- support@saagemedia.com
- Spinnereistraße 7 - c/o SpinLab – The HHL Accelerator, 04179 Leipzig, Germany

Acceso rápido al conocimiento

Para garantizar una experiencia de lectura óptima, nos gustaría familiarizarle con las características principales de este libro:

- **Estructura Modular:** Cada capítulo es independiente y puede leerse sin depender de los demás.
- **Investigación Exhaustiva:** Todos los capítulos se basan en una investigación exhaustiva y están respaldados por referencias científicas. Los datos mostrados en los diagramas sirven para una mejor visualización y se basan en suposiciones, no en los datos proporcionados en las fuentes. Una lista completa de fuentes y créditos de imágenes se encuentra en el apéndice.
- **Terminología Clara:** Los términos técnicos subrayados se explican en el glosario.
- **Resúmenes de Capítulos:** Al final de cada capítulo, encontrará resúmenes concisos que le dan una visión general de los puntos clave.
- **Recomendaciones Concretas:** Cada subcapítulo concluye con una lista de consejos específicos para ayudarle a poner en práctica lo aprendido.

Materiales adicionales de bonificación en nuestro sitio web

En nuestro sitio web, planeamos poner a su disposición los siguientes materiales exclusivos:

- Contenido adicional y capítulos extra
- Un resumen general compacto
- Una versión de radioteatro. (En planificación)

El sitio web está actualmente en construcción.

www.SaageBooks.com/es/acuario_nano-bonus-3B1WFJ

Índice

- 2. Población y selección de especies
  - 2. 1 Habitantes de agua dulce
    - Peces pequeños para nano acuarios
    - Gambas y crustáceos
    - Caracoles y microorganismos
  - 2. 2 Habitantes de agua salada
    - Corales para mini arrecifes
    - Peces pequeños en agua salada
    - Invertebrados marinos
  - 2. 3 Selección de plantas
    - Plantas de primer plano
    - Plantas de plano medio
    - Plantas de fondo

1. Equipamiento básico del nano acuario

¿Qué se necesita realmente para crear un pequeño paraíso submarino? Un acuario nano puede ser compacto, pero el equipo adecuado determina el éxito o el fracaso del biotopo en miniatura. Desde la calidad del agua hasta la iluminación, todos los componentes deben estar perfectamente coordinados para crear un ecosistema estable. Las siguientes páginas revelan qué equipo es indispensable y dónde se pueden evitar compromisos.

1. 1 Componentes técnicos

Valores de agua estables, iluminación óptima y la temperatura adecuada son esenciales para un nanoacuario próspero. Los componentes técnicos asumen estas tareas y garantizan el bienestar de los habitantes. Sin embargo, la selección y el uso de estos componentes presentan desafíos, especialmente en el espacio limitado de un mini tanque. Diferentes tipos de filtros, sistemas de iluminación y métodos de calefacción ofrecen ventajas y desventajas específicas. Los filtros aseguran agua clara y eliminan contaminantes, mientras que la iluminación promueve el crecimiento de las plantas y resalta los colores de los animales. El control de la temperatura asegura un ambiente estable y minimiza el estrés para los habitantes del acuario. La correcta balance entre estos factores es crucial para un ecosistema saludable. Descubra en este capítulo cómo seleccionar y utilizar adecuadamente los componentes técnicos adecuados para su nanoacuario, con el fin de crear un mundo en miniatura armonioso.

La correcta dimensionamiento de los componentes técnicos es crucial para el equilibrio y el bienestar en el nano acuario.

Sistemas de filtrado para acuarios pequeños

Los sistemas de filtrado en acuarios pequeños garantizan la calidad del agua y, por ende, la salud de los seres vivos. Cumplen funciones de filtrado mecánico, biológico y, en su caso, químico. La filtración mecánica elimina partículas en suspensión, mientras que la filtración biológica convierte contaminantes como el amoníaco en nitrato menos dañino con la ayuda de bacterias [s1]. Estas bacterias se asientan en los medios filtrantes y forman biopelículas, cuya eficacia depende del suministro de oxígeno [s1]. Por lo tanto, un contenido adecuado de oxígeno es esencial. Una bomba de aire, controlada a través de un relé y sensores de oxígeno disuelto, puede asegurar el suministro óptimo de oxígeno [s1]. La filtración química, a menudo con carbón activado, elimina residuos de medicamentos o decoloraciones. Sin embargo, los materiales filtrantes químicos convencionales deben ser reemplazados regularmente [s2]. Una alternativa sostenible son las cenosferas recubiertas de TiO2, que reducen amonio, nitrato y nitrito y pueden ser activadas por luz UV [s2]. Estas son más fáciles de retirar y reutilizar del acuario debido a su estructura [s2]. La combinación de cenosferas de TiO2 con filtros biológicos puede mejorar la calidad del agua de manera comparable a la adición de filtros mecánicos [s2]. Para nano-acuarios, son especialmente adecuados los pequeños filtros internos o filtros de mochila. Estos últimos se cuelgan del borde del acuario y ofrecen un buen rendimiento de filtrado con un bajo requerimiento de espacio en el tanque. La elección del filtro depende del tamaño del tanque y de la población. Un filtro demasiado débil no puede garantizar adecuadamente la calidad del agua, mientras que un filtro demasiado fuerte puede estresar a los pequeños habitantes del acuario.

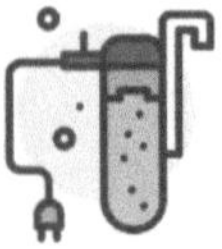

Bueno saber

Filtración mecánica

La filtración mecánica, a menudo el primer paso en el proceso de filtrado, elimina partículas de suciedad visibles y contribuye a la claridad del agua. También protege las delicadas branquias de los habitantes del acuario.

Filtros de mochila

Los filtros de mochila se instalan en el borde del acuario y ofrecen un buen rendimiento de filtrado con un bajo requerimiento de espacio en el tanque. Son una opción popular para nano-acuarios.

Sistemas de filtrado

Los sistemas de filtrado compactos para nano-acuarios están disponibles en varias versiones, como filtros internos, externos o de mochila. Son esenciales para mantener un ciclo de agua saludable.

Comparación del rendimiento del filtro de nano acuario

Caudal vs. tipo de filtro

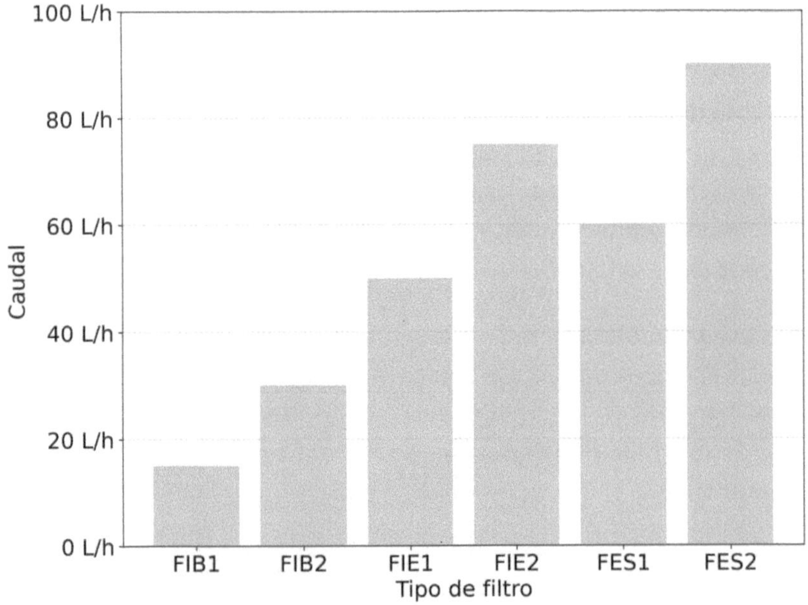

FES1: Filtro de mochila pequeño

FES2: Filtro de mochila mediano

FIB1: Filtro interno pequeño

FIB2: Filtro interno grande

FIE1: Filtro de potencia interno mini

FIE2: Filtro de potencia interno estándar

Los filtros de esponja generalmente exhiben caudales más bajos, lo que los hace adecuados para habitantes delicados como los camarones. Los filtros de potencia internos ofrecen una gama más amplia de caudales, que se adaptan a peces pequeños y especies más activas. Los filtros de mochila proporcionan los caudales más altos, adecuados para nano acuarios más grandes con niveles de población más altos o especies que requieren corrientes más fuertes. La elección del filtro correcto depende de los habitantes del acuario y del movimiento del agua deseado.

Sistemas de iluminación LED

Los sistemas de iluminación LED ofrecen ventajas decisivas para los nano-acuarios en comparación con los tubos fluorescentes convencionales. Su diseño compacto permite una colocación flexible y una personalización de las condiciones de luz en el acuario. La alta eficiencia energética de los LED reduce el consumo de electricidad y la generación de calor, lo cual es especialmente beneficioso en volúmenes de agua pequeños. Otro punto a favor es la larga vida útil de los LED, lo que reduce los costos de mantenimiento. La posibilidad de ajustar diferentes temperaturas de color y espectros de luz permite una adaptación óptima a las necesidades de los habitantes del acuario y las plantas. Por ejemplo, la luz azul puede fomentar el crecimiento de los corales, mientras que la luz roja apoya la fotosíntesis en las plantas [s3]. Al seleccionar la iluminación LED, preste atención a los valores PAR (Radiación Fotosintéticamente Activa), que indican la cantidad de luz utilizable para la fotosíntesis. Un valor PAR demasiado bajo puede inhibir el crecimiento de las plantas, mientras que un valor demasiado alto puede provocar florecimientos de algas. El control de los LED a través de un temporizador permite simular ciclos naturales de día y noche, lo que contribuye al bienestar de los habitantes del acuario. Algunos sistemas incluso ofrecen la posibilidad de simular amaneceres y atardeceres o fases de luz lunar. Por ejemplo, una transición suave de "luz de luna" azul a luz diurna blanca puede reducir el estrés en los peces y fomentar su comportamiento natural. Al instalar la iluminación, se debe asegurar que los LED estén distribuidos uniformemente sobre la superficie del agua para evitar la formación de sombras y garantizar una iluminación óptima de todo el acuario. Además, la intensidad de la luz debe ajustarse a las necesidades de las plantas y animales específicos. Para un nano-acuario densamente plantado con especies exigentes, se requiere una mayor intensidad de luz que para un acuario con pocas plantas robustas. A través del control específico del color y la intensidad de la luz, se puede personalizar la estética del acuario y resaltar la belleza de los peces y las plantas. Cabe destacar que diferentes longitudes de onda de luz pueden influir en

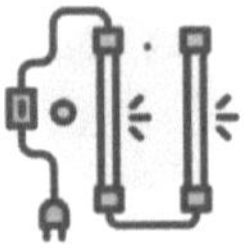

el crecimiento y desarrollo de los habitantes del acuario. Por ejemplo, ciertas longitudes de onda pueden afectar positivamente las tasas de eclosión y supervivencia de las larvas [s3]. Al considerar estos factores, se puede crear un entorno óptimo para los habitantes del nano-acuario con sistemas de iluminación LED. La combinación de flexibilidad, eficiencia energética, durabilidad y diversas opciones de control hace que la iluminación LED sea la elección ideal para nano-acuarios.

Fotosíntesis [i1]

Bueno saber

Temporizador

Un temporizador controla la duración de la iluminación y simula el ritmo día-noche, lo cual es importante para el bienestar de los habitantes del acuario. Algunos temporizadores incluso pueden simular amaneceres y atardeceres.

Valor PAR

El valor PAR indica cuánta luz está disponible para la fotosíntesis de las plantas. Un valor PAR adecuado es esencial para un crecimiento saludable de las plantas en el nano-acuario.

Intensidad de Luz LED para Nano Acuario

Ciclo de luz diario simulado para un nano acuario.

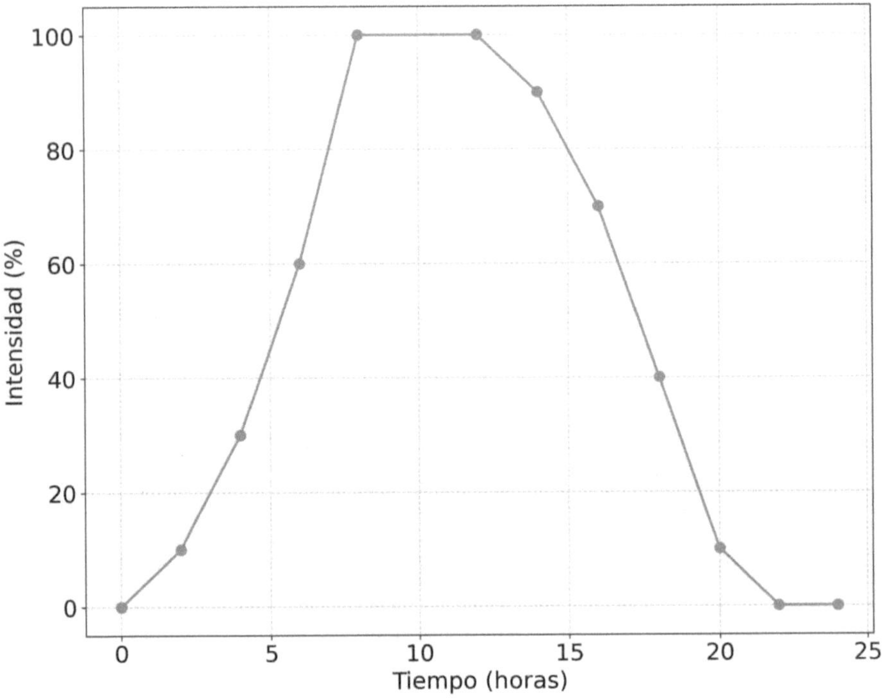

El gráfico ilustra un aumento gradual en la intensidad de la luz, simulando el amanecer, alcanzando un pico al mediodía, seguido de una disminución gradual que imita la puesta del sol. Este ciclo promueve el crecimiento saludable de las plantas e imita los patrones de luz natural beneficiosos para los habitantes del acuario.

Calefacción y control de temperatura

El control de temperatura en el nanoacuario es crucial para el bienestar de los habitantes del acuario. Los peces, invertebrados y plantas tienen requisitos de temperatura específicos que son importantes para su crecimiento, salud y reproducción. Las fluctuaciones, especialmente los cambios bruscos de temperatura, pueden causar estrés y aumentar la susceptibilidad a enfermedades. Para la calefacción, se utilizan comúnmente calentadores regulables, que mantienen la temperatura deseada de manera constante a través de un termostato. Al seleccionar la varilla calefactora, es importante considerar la potencia adecuada, que depende del volumen del acuario. Un calentador demasiado débil no puede aumentar la temperatura lo suficiente, mientras que un calentador demasiado fuerte puede provocar fluctuaciones de temperatura no deseadas. La colocación de la varilla calefactora debe elegirse de manera que el calor se distribuya uniformemente en el tanque. Cerca de la salida del filtro, la distribución del calor suele ser óptima. Además de la calefacción, la refrigeración también juega un papel importante en verano. Con altas temperaturas ambientales, la temperatura del agua en el nanoacuario puede aumentar rápidamente. Aquí, por ejemplo, los ventiladores que soplan sobre la superficie del agua pueden ayudar a reducir la temperatura mediante la evaporación. Para un control preciso de la temperatura en el acuario, similar a los sistemas microfluídicos, que requieren un control de temperatura exacto para procesos como la reacción en cadena de la polimerasa [s4], se recomienda el uso de un termómetro. Los termómetros digitales con función de alarma ofrecen la ventaja de advertir al acuarista cuando se superan o no se alcanzan los límites establecidos. De este modo, se pueden tomar medidas a tiempo para mantener la temperatura en el rango óptimo. También en pequeña escala se pueden encontrar diversas técnicas de control de temperatura que son conocidas en otros ámbitos. Así, la calefacción Joule [s5] no es práctica para

nanoacuarios, pero ilustra el principio del control preciso de temperatura a través de la conductividad eléctrica. Los conocimientos sobre la importancia de condiciones de temperatura precisas y estables en sistemas microfluídicos [s5] también se pueden aplicar a la acuarística. Un ambiente térmico estable es esencial para el equilibrio biológico y minimiza el estrés para los habitantes del acuario.

Bueno saber

Calefacción Joule

La calefacción Joule es un principio físico en el que la energía eléctrica se convierte en calor cuando la corriente fluye a través de un conductor. Aunque no es práctica para nanoacuarios, ilustra la posibilidad de un control preciso de la temperatura a través de la conductividad eléctrica.

Reacción en cadena de la polimerasa

La reacción en cadena de la polimerasa (PCR) es un método para amplificar ADN. Se utiliza comúnmente en biología molecular y requiere un control preciso de la temperatura, que a menudo se realiza en sistemas microfluídicos.

Sistemas microfluídicos

Los sistemas microfluídicos son estructuras diminutas en las que se manipulan líquidos en un espacio muy reducido. Requieren un control preciso de la temperatura, similar a los nanoacuarios, para garantizar condiciones óptimas para procesos biológicos o químicos.

Termómetros digitales

Los termómetros digitales muestran la temperatura de forma electrónica. Algunos modelos para acuarios tienen una función de alarma que advierte al acuarista cuando la temperatura está fuera del rango establecido.

Temperatura y consumo de energía del nano acuario

Estabilidad de la temperatura y consumo de energía durante un día.

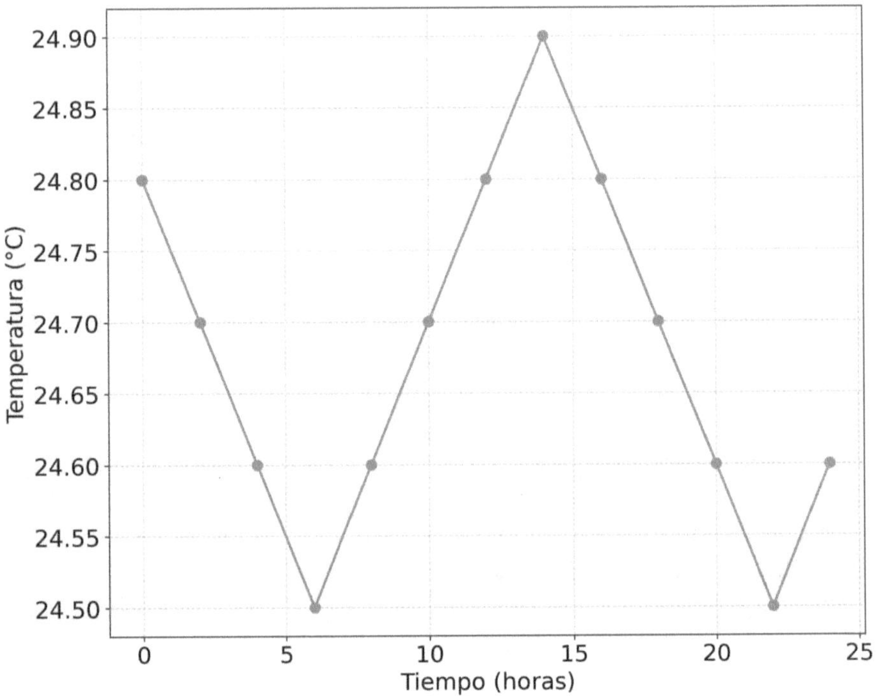

El gráfico muestra una temperatura estable mantenida dentro de un rango estrecho, lo que sugiere un control efectivo del calentador. Los ligeros picos de energía corresponden a la activación del calentador, lo que indica un calentamiento eficiente a pedido. El bajo consumo general de energía refleja el pequeño volumen de un nano acuario.

Consejos concretos

- Integra la resistencia de calefacción directamente en la salida del filtro para garantizar una distribución uniforme del calor y ahorrar espacio.
- Utiliza un ventilador pequeño regulable para reducir la temperatura del agua en verano y al mismo tiempo aumentar la entrada de oxígeno.
- Instala un temporizador para el filtro, creando períodos de descanso nocturnos para los habitantes del acuario y reduciendo el consumo de energía.
- Coloca reflectores alrededor de las luces LED para maximizar la eficiencia lumínica y fomentar el crecimiento de las plantas.
- Utiliza un sensor de temperatura externo para medir con precisión la temperatura del agua y controlar óptimamente la resistencia de calefacción.
- Emplea un pequeño extractor de superficie para succionar la biopelícula en la superficie del agua y mejorar la absorción de oxígeno.
- Combina un pequeño filtro interno con un elevador de aire para aumentar el rendimiento del filtro y al mismo tiempo generar un flujo suave.
- Utiliza tubos transparentes para el filtro y el elevador de aire, integrando visualmente la tecnología en el acuario.
- Fija el filtro con ventosas a la pared trasera para ahorrar espacio en el tanque y permitir una vista clara.
- Elige medios filtrantes con diferente porosidad para eliminar eficazmente tanto partículas de suciedad gruesas como finas.
- Reemplaza una parte del material filtrante por piedra pómez porosa para aumentar la superficie de colonización para bacterias beneficiosas.

1. 2 Materiales de decoración

Los materiales de instalación forman la base de cualquier nanoacuario. El sustrato, la decoración y las plantas influyen de manera significativa en la calidad del agua, el crecimiento de las plantas y el bienestar de los habitantes del acuario. La selección de los materiales adecuados y su disposición presenta a los acuaristas desafíos específicos en el espacio limitado de un mini tanque. Las reacciones químicas, las propiedades de crecimiento y las necesidades de los animales deben coordinarse cuidadosamente. Descubra en este capítulo cómo crear el entorno óptimo para su mundo submarino.

> *La elección del sustrato en el nanoacuario es crucial, ya que no solo forma la base para las plantas, sino que también influye en la calidad del agua y en todo el ecosistema.*

Sustrato y substratos

El sustrato y los substratos forman la base de la vida en el nano-acuario y afectan significativamente la calidad del agua y el crecimiento de las plantas. La elección del material adecuado es, por lo tanto, crucial para un ecosistema funcional. Los substratos no solo sirven como anclaje para las plantas acuáticas, sino que también proporcionan un hábitat para microorganismos beneficiosos que contribuyen a la descomposición de contaminantes [s6]. Estas bacterias juegan un papel importante en el ciclo del nitrógeno, convirtiendo el amonio y el nitrito en nitrato menos dañino. Un sustrato poroso fomenta el asentamiento de estos microorganismos y asegura un suministro óptimo de oxígeno a las raíces. La granulometría del sustrato influye en la permeabilidad y debe ajustarse a las necesidades de las especies plantadas. Un sustrato de grano fino es adecuado para plantas de crecimiento denso con raíces finas, mientras que un sustrato de grano grueso es ventajoso para plantas con raíces más robustas. Las propiedades químicas del sustrato afectan los valores del agua y la disponibilidad de nutrientes para las plantas [s6]. El valor pH del sustrato puede acidificar o alcalinizar el agua en el acuario. Para la mayoría de las plantas acuáticas, un valor pH ligeramente ácido a neutro es óptimo. Algunos substratos, como ciertos tipos de rocas, pueden influir en la dureza del agua. Por lo tanto, es recomendable controlar regularmente los valores del agua y ajustarlos si es necesario. La composición de nutrientes del sustrato también juega un papel importante en el crecimiento de las plantas. Algunos substratos contienen nutrientes de forma natural, mientras que otros son inertes y deben ser fertilizados adicionalmente. Los fertilizantes de liberación prolongada, que se incorporan al sustrato, pueden garantizar un suministro continuo de nutrientes. Además de los clásicos gravillas y arenas para acuarios, también existen substratos alternativos que se pueden utilizar en el nano-acuario. Por ejemplo, los substratos de suelo, que han sido desarrollados específicamente para acuarios, pueden estabilizar los valores del agua y fomentar el crecimiento de las plantas [s6]. Estos substratos a menudo están enriquecidos con nutrientes y pueden reducir la necesidad de fertilización adicional. También se pueden utilizar substratos inertes, como la roca volcánica o la arcilla expandida, en el nano-acuario. Estos materiales ofrecen una buena superficie para el asentamiento de bacterias y apenas influyen en los valores del agua. Sin embargo, al seleccionar un sustrato inerte, es importante asegurarse de que no libere sustancias nocivas al agua. El grosor de la capa de sustrato debe adaptarse al tamaño del acuario y a las necesidades de las plantas. En el nano-acuario, generalmente es suficiente una capa de 3-5 cm. Una capa demasiado gruesa puede provocar falta de oxígeno en el sustrato y favorecer el desarrollo de procesos de putrefacción. Antes de introducirlo en el acuario, el sustrato debe lavarse a fondo para eliminar el polvo y otras impurezas. Esto previene la turbidez del agua y reduce la carga de sustancias no deseadas. La elección del sustrato y substrato adecuados es un factor importante para el éxito de un nano-acuario. Al considerar los aspectos mencionados anteriormente, se puede crear un ecosistema saludable y estable en el que las plantas y los animales prosperen óptimamente [s6]. Los aspectos medioambientales en la elección del sustrato también están adquiriendo una importancia creciente en la acuarística. Las alternativas sostenibles y ecológicas a los materiales convencionales están ganando relevancia [s6].

Bueno saber

inert

Los sustratos inertes en el nano-acuario, como la roca volcánica o la arcilla expandida, no liberan sustancias al agua y no alteran los valores del agua. Ofrecen una superficie para el asentamiento de bacterias, pero no afectan el suministro de nutrientes de las plantas.

Sustratos de suelo

Los sustratos de suelo son sustratos diseñados específicamente para acuarios, que a menudo están enriquecidos con nutrientes y fomentan el crecimiento de las plantas. Pueden estabilizar los valores del agua y reducir la necesidad de fertilización adicional. En el nano-acuario, son populares debido a sus propiedades positivas.

Valor pH

El valor pH indica cuán ácido o alcalino es el agua en el nano-acuario. Un valor pH neutro es 7, valores por debajo son ácidos y por encima son alcalinos. La mayoría de las plantas y animales de acuario prefieren un valor pH ligeramente ácido a neutro. El sustrato puede influir en el valor pH.

Distribución del tamaño de grano de los sustratos

Distribución del tamaño de grano de diferentes sustratos

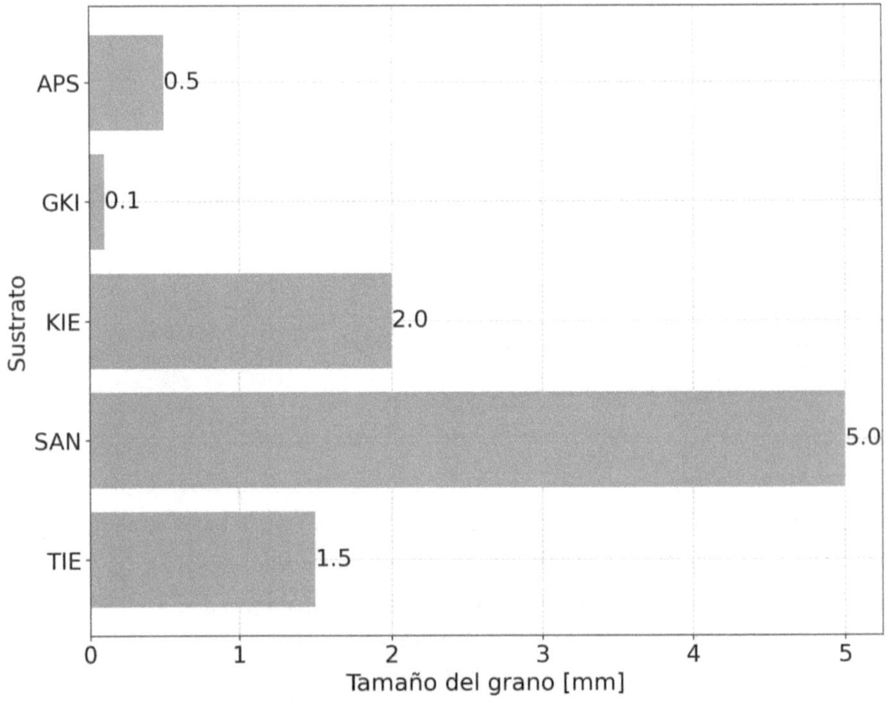

APS: Tierra para plantas de acuario
GKI: Grava gruesa
KIE: Grava
SAN: Arena fina
TIE: Tierra

El diagrama de barras horizontal visualiza la distribución del tamaño de grano de diferentes sustratos. La arena fina y la tierra tienen los tamaños de grano más pequeños, mientras que la grava y la grava gruesa tienen granos significativamente más grandes. Esto afecta la permeabilidad y la idoneidad para diversas plantas y especies animales.

Elementos decorativos

Los elementos decorativos en el nanoacuario ofrecen amplias posibilidades para diseñar el mundo submarino según las ideas individuales y proporcionar a los animales un hábitat natural. Es fundamental equilibrar estética y funcionalidad. Hay diferentes materiales disponibles, cada uno con propiedades y efectos específicos en el entorno del acuario. Maderas, piedras y decoraciones artificiales crean estructura y ofrecen escondites para los habitantes del acuario. Así, una rama cubierta de musgos no solo puede servir como un atractivo visual, sino también como un refugio para los camarones. La selección de materiales debe adaptarse a las necesidades de las especies mantenidas. La disposición de los elementos decorativos influye en la percepción espacial y puede crear la ilusión de profundidad y amplitud. A través de la colocación ingeniosa de piedras y maderas, se pueden diseñar paisajes variados que ofrezcan a los animales diferentes hábitats. Es importante prestar atención a un diseño equilibrado que incluya tanto áreas de nado abiertas como zonas protegidas. El diseño del fondo también puede contribuir a la expansión óptica del espacio. Un fondo oscuro hace que el acuario parezca más profundo, mientras que un fondo claro lo amplía visualmente. [s7] Además de la pura decoración, los elementos decorativos también cumplen funciones importantes en el acuario. Proporcionan a los animales protección contra depredadores y estrés, sirven como lugares de desove y pueden influir químicamente en el agua. Así, ciertos tipos de rocas pueden aumentar la dureza del agua, mientras que las maderas liberan ácidos húmicos, que reducen el pH y tiñen ligeramente el agua de marrón. Estos efectos pueden ser utilizados intencionadamente para ajustar los valores del agua a las necesidades de las especies mantenidas. Sin embargo, es importante conocer los efectos de los materiales utilizados en la química del agua y controlarlos regularmente. [s7] La integración de plantas en la decoración es otro aspecto importante del diseño del acuario. Las plantas no solo contribuyen a la producción de oxígeno, sino que también ofrecen alimento y escondites a los animales. Pueden fijarse en maderas y piedras o plantarse directamente en el sustrato. Es fundamental tener en cuenta las diferentes necesidades de las especies de plantas para garantizar un crecimiento óptimo. La combinación de diferentes especies y formas de plantas crea una imagen variada y natural. [s8] Al seleccionar y organizar los elementos decorativos, también se deben considerar principios estéticos. El uso de contrastes, proporciones y simetrías puede intensificar el efecto visual del acuario. Un diseño de color armonioso también contribuye a la estética. Por ejemplo, las piedras rojizas pueden formar un atractivo contraste con las plantas verdes. El uso de diferentes texturas también puede aumentar la diversidad visual. Sin embargo, el diseño del acuario siempre debe estar en consonancia con las necesidades de los animales y proporcionarles un entorno adecuado. [s9] El cuidado de los elementos decorativos también es un aspecto importante. Las maderas y piedras deben ser revisadas regularmente en busca de algas y suciedad, y limpiarse si es necesario. Las decoraciones artificiales pueden enjuagarse con un cepillo suave o una manguera. No se deben utilizar productos de limpieza agresivos, ya que pueden contaminar el agua del acuario y dañar a los animales. Un cuidado regular de los elementos decorativos contribuye a mantener la calidad del agua y el bienestar de los habitantes del acuario.

Musgo [i2]

planta de acuario [i3]

Bueno saber

Hábitat

El espacio vital de los habitantes del acuario, que es imitado por los materiales de decoración. Un hábitat natural proporciona seguridad y bienestar a los animales.

Ácidos húmicos

Ácidos naturales que son liberados por algunas maderas y pueden reducir el pH en el acuario. Tiñen ligeramente el agua de marrón.

pH

Un valor de medición que indica cuán ácido o básico es el agua. Diferentes materiales de decoración pueden influir en el pH.

Materiales de Decoración para Nano Acuarios

Distribución de los materiales de decoración en nano acuarios.

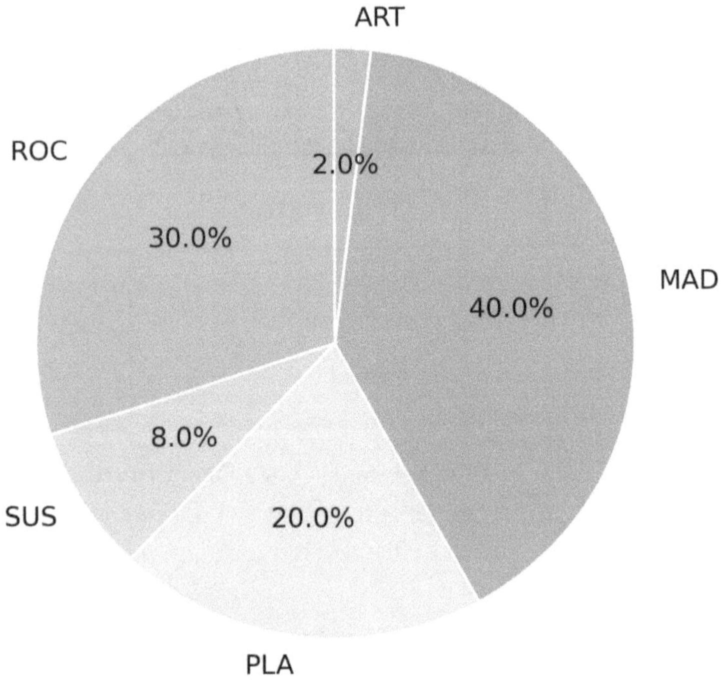

ART: Decoración artificial (adornos)
MAD: Madera (madera flotante, ramas)
PLA: Plantas (vivas o artificiales)
ROC: Roca (rocas, piedras)
SUS: Sustrato (grava, arena)

Los datos revelan una preferencia por paisajes acuáticos de aspecto natural en nano acuarios. La decoración con madera y rocas forma la base, ofreciendo estructura y escondites. La madera añade una estética naturalista y beneficios biológicos. Las plantas contribuyen a la calidad del agua y al atractivo visual. Mientras que el sustrato proporciona una base para la plantación y el contraste visual, ocupa una proporción menor debido al espacio limitado en una configuración nano. El uso mínimo de decoración artificial sugiere un enfoque en la replicación del biotopo o una filosofía de diseño minimalista.

Plantas acuáticas para mini acuarios

Las plantas acuáticas cumplen diversas funciones en el mini acuario que van más allá de la mera decoración. Contribuyen a la estabilización del ecosistema al absorber nutrientes y producir oxígeno. La selección de las especies adecuadas depende de las condiciones en el acuario y de las necesidades de los otros habitantes. La lenteja de agua (*Lemna* sp.), por ejemplo, absorbe nutrientes de manera eficiente y sirve incluso como alimento para algunas especies de peces [s10]. Otras especies, como *C. asiatica*, pueden reducir el amoníaco y así mejorar la calidad del agua [s11]. La capacidad de ciertas plantas para absorber contaminantes puede utilizarse de manera específica para la fitoremediación. Así, algunas especies de plantas acuáticas pueden filtrar microplásticos del agua, siendo la cantidad de adsorción dependiente de la concentración y la duración de la exposición [s12]. Al seleccionar las plantas, es importante considerar su comportamiento de crecimiento. Especies de rápido crecimiento, como el helecho de agua (*Azolla* sp.), pueden cubrir la superficie del agua en poco tiempo y así reducir la entrada de luz [s10]. Esto puede tener efectos no deseados en otras plantas y en el suministro de oxígeno del agua. Por lo tanto, el desmalezado regular, comparable a la poda de plantas en el jardín, es esencial para mantener un equilibrio en el mini acuario. La integración de plantas acuáticas no solo es valiosa estéticamente, sino que también es una forma rentable y ecológica de mejorar la calidad del agua y crear un hábitat saludable para los habitantes del acuario [s10]. Considerar las características individuales de las diferentes especies de plantas es esencial para un mini acuario funcional y atractivo. La diversidad de especies dentro de un género, como en el caso de *Cryptocoryne*, puede dificultar la identificación, pero al mismo tiempo ofrece una amplia variedad de formas y colores para el diseño [s13]. La similitud genética dentro de este género, observable en las estructuras plastomales conservadas, sugiere

demandas de cuidado similares [s13]. El análisis de microsatélites puede proporcionar información sobre la diversidad genética y ayudar en la selección de plantas adecuadas para condiciones específicas en el mini acuario [s13]. La adaptabilidad de las plantas acuáticas a los hábitats acuáticos también se manifiesta en el procesamiento de ARN y la selección positiva de ciertos genes [s13]. Este conocimiento puede contribuir a crear las condiciones óptimas para las plantas seleccionadas en el mini acuario, promoviendo así su crecimiento y su efecto positivo en el ecosistema.

Bueno saber

Amoníaco

Una sustancia tóxica que se genera en el acuario a partir de las excreciones de los peces. Las plantas pueden ayudar a descomponer el amoníaco.

Estructuras plastomales

Estructuras en los cloroplastos de las plantas que son importantes para la fotosíntesis y que pueden utilizarse para determinar la relación entre especies de plantas.

Fitoremediación

El uso de plantas para eliminar contaminantes del agua en el acuario, por ejemplo, mediante la absorción en las plantas o la degradación de los contaminantes por las plantas.

Selección positiva

Un proceso de selección natural en el que los genes ventajosos que favorecen la adaptación al entorno se vuelven más comunes en una población.

Alturas de crecimiento de plantas acuáticas

Plantas ideales para nano acuarios

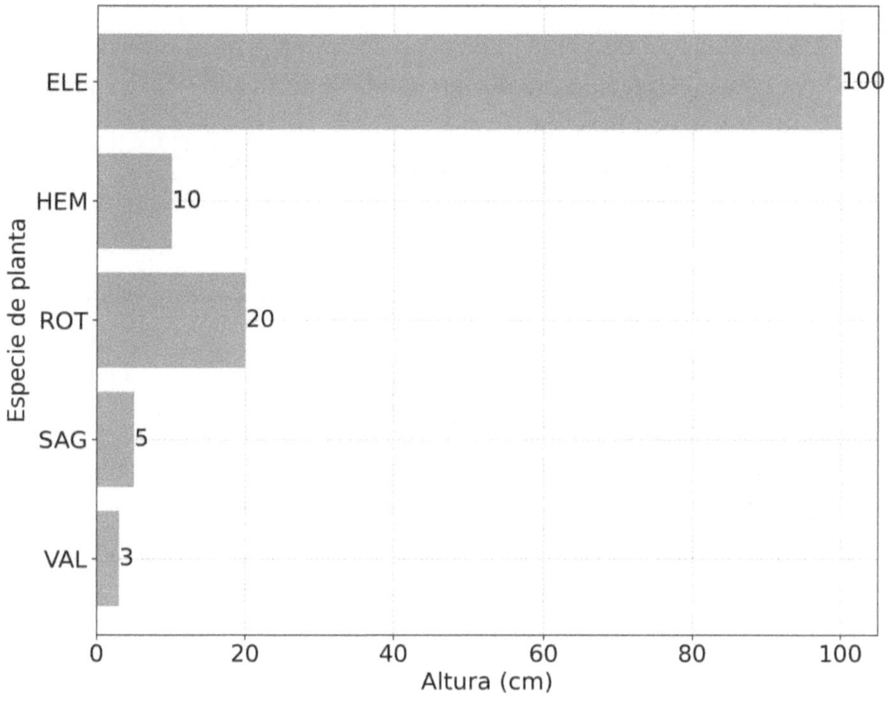

ELE: Eleocharis sp. Mini

HEM: Hemianthus callitrichoides 'Cuba'

ROT: Rotala rotundifolia

SAG: Sagittaria subulata

VAL: Vallisneria gigantea

El diagrama de barras horizontal visualiza las alturas de crecimiento de varias especies de plantas acuáticas. Muestra claramente que Eleocharis sp. Mini y Hemianthus callitrichoides 'Cuba' son ideales para nano acuarios debido a su menor altura, mientras que Vallisneria gigantea no es adecuada para tales acuarios debido a su altura.

Consejos concretos

- Decore la parte trasera de su acuario nano con placas de pizarra para lograr un aspecto natural y ofrecer a los peces más oportunidades de trepar.
- Utilice pequeños tubos de arcilla como escondites para camarones y alevines, y plántelos con musgos.
- Ata plantas epífitas como el helecho de Java a pequeñas piedras de lava para crear acentos de diseño natural y al mismo tiempo ampliar la superficie de filtración.
- Cree una pequeña cueva con guijarros planos apilados, proporcionando así un refugio seguro para los habitantes de su acuario.
- Utilice una raíz curva como elemento central de diseño y plántela con diferentes musgos y plantas epífitas.
- Integre un pequeño medio coco como escondite y plante el borde con plantas acuáticas de bajo crecimiento.
- Coloque un paisaje en miniatura de pequeñas piedras redondeadas y arena sobre una plataforma elevada en el acuario.
- Utilice piedras planas para crear diferentes niveles en el acuario, aumentando así el área utilizable para plantas y animales.
- Fije plantas acuáticas de bajo crecimiento con un delgado hilo de nylon transparente en raíces o piedras para imitar un crecimiento natural.
- Cree una pequeña "isla de plantas" con un trozo de corcho cubierto de musgo que flote en la superficie del agua.
- Utilice un plato plano con grava de acuario para crear una pequeña playa de arena en el primer plano del acuario.
- Coloque algunos caracoles seleccionados cuidadosamente en el acuario para resaltar el aspecto natural y proporcionar calcio a los camarones.

1. 3 Tratamiento del agua

En el nanoacuario, los valores del agua fluctúan rápidamente y afectan el delicado ecosistema. Parámetros estables como el pH, la temperatura, la dureza y la concentración de amoníaco, oxígeno y minerales son cruciales para el bienestar de los habitantes. Errores en el tratamiento del agua pueden llevar a deficiencias, enfermedades y, en el peor de los casos, a la pérdida de los animales. Por lo tanto, el tratamiento adecuado del agua en el nanoacuario requiere un entendimiento sólido de los procesos químicos y de las necesidades de las especies correspondientes. Tanto la elección de la fuente de agua como el uso de agentes de tratamiento adecuados juegan un papel importante. Descubra en este capítulo cómo optimizar la calidad del agua en su nanoacuario y así crear la base para un biotopo en miniatura próspero.

Especialmente en acuarios nano, el tratamiento del agua con medios específicos, junto con el control regular de los valores del agua, es esencial para un ecosistema estable y saludable.

Valores del agua en el nano acuario

Los valores del agua en el nano acuario están sujetos a constantes fluctuaciones y, por lo tanto, requieren un control regular. Especialmente parámetros como Alcalinidad, pH, temperatura, dureza, Amoniaco (NH_3/NH_4^+), oxígeno disuelto, salinidad y Conductividad deben ser monitoreados [s14]. Un pH estable es importante para el bienestar de los habitantes del acuario. Se recomiendan valores entre 6,8 y 8,5 [s15]. La temperatura no solo influye en los procesos vitales de los animales, sino también en procesos químicos como la solubilidad de los gases y la toxicidad del amoniaco [s16]. Un acuario con peces tropicales, por ejemplo, requiere una temperatura entre 24 y 30°C [s15]. La alcalinidad influye en la estabilidad del pH y la eficiencia de la filtración biológica. Debe estar entre 50 y 150 mg/L de $CaCO_3$ [s16]. La dureza del agua, medida en $CaCO_3$, es relevante para diversos procesos fisiológicos de los habitantes del acuario y puede regularse mediante aditivos minerales [s16]. La salinidad también afecta el equilibrio osmótico de los animales y debe mantenerse en un rango óptimo para garantizar el crecimiento y la reproducción [s16]. El amoniaco, un producto de desecho tóxico, debe ser monitoreado en sistemas cerrados. La filtración biológica convierte el amoniaco en formas menos tóxicas [s16]. En un sistema recién establecido, el biofiltro debe ser establecido primero para descomponer el amoniaco de manera efectiva [s17]. El contenido de oxígeno disuelto también es crucial para la respiración de los animales. Para los peces de agua caliente, se recomienda un mínimo de 4 mg/L [s16]. En la práctica, esto puede asegurarse mediante un movimiento de superficie adecuado o el uso de una bomba de aire. Los parámetros óptimos del agua en un sistema maduro son $NH_3/NH_4^+ = 0$ ppm, $NO_2^- < 1$ ppm, $NO_3^- < 40$ ppm y una alcalinidad > 40 ppm [s17]. Se recomienda realizar controles semanales de la calidad del agua, especialmente en acuarios bien establecidos [s17]. El tratamiento del agua puede realizarse mediante ósmosis inversa, seguido de la adición de sal marina y bicarbonato de sodio para regular la conductividad y el pH [s17]. El agua del grifo debe ser desclorada antes de su uso, ya que el cloro es perjudicial para los peces. Esto se puede lograr dejando reposar el agua durante al menos 48 horas [s14]. El mantenimiento del filtro y el intercambio regular de medios filtrantes aseguran una circulación y calidad del agua óptimas [s14]. La sobrealimentación aumenta los niveles de nitrato y puede afectar negativamente a los peces [s14]. En un pequeño acuario con un ecosistema delicado, estas medidas son especialmente importantes. También los cambios parciales de agua regulares juegan un papel en la estabilización de los valores del agua.

Amoníaco [i4]

Bueno saber

Alcalinidad

La alcalinidad en el nano acuario amortigua el pH y previene fluctuaciones bruscas que podrían dañar a los peces. Se determina por la concentración de bicarbonatos, carbonatos e hidróxidos.

Biofiltro

El biofiltro alberga bacterias beneficiosas que convierten contaminantes como el amoniaco y el nitrito en nitratos menos dañinos. Un biofiltro que funcione bien es esencial para un nano acuario saludable.

Conductividad

La conductividad indica cuán bien el agua en el nano acuario conduce electricidad. Es una medida del contenido de sales y minerales disueltos y puede utilizarse para controlar la calidad del agua.

Ósmosis inversa

La ósmosis inversa es un proceso de tratamiento de agua que filtra sustancias no deseadas del agua mediante presión. Así se obtiene agua pura para el nano acuario, a la que se pueden añadir minerales de manera controlada.

Parámetros del agua del nano acuario

Relación entre el pH, la temperatura y la dureza en un nano acuario.

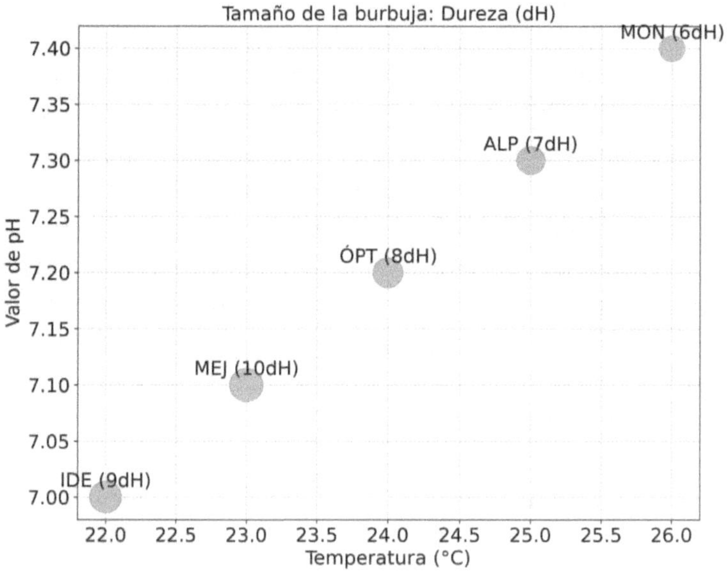

Blasengröße: Dureza (dH)

ALP: pH ligeramente alto

MEJ: Mejor rango

ÓPT: Rango óptimo

IDE: Ideal para algunos

MON: Monitorear de cerca

El gráfico revela una posible correlación entre la temperatura y el pH, donde las temperaturas más altas parecen corresponder con niveles de pH ligeramente elevados. Además, la dureza parece relativamente estable en el rango de temperatura observado, lo que sugiere una influencia mínima de las fluctuaciones de temperatura. Las burbujas más grandes indican combinaciones específicas de parámetros donde es más probable el éxito en la acuariofilia, mientras que las burbujas más pequeñas podrían representar condiciones menos ideales.

Minerales y oligoelementos

Los minerales y oligoelementos son esenciales para un nano-acuario funcional, ya que no solo influyen químicamente en el agua, sino que también afectan directamente la salud de los habitantes del acuario. umkehrosmose, un método común de tratamiento del agua, elimina sustancias no deseadas, pero también minerales importantes [s18]. Esta falta de minerales puede causar problemas, como la alteración de la absorción de minerales en peces y organismos invertebrados. Un ejemplo de esto es la desmineralización de huesos y dientes, que puede ser favorecida por agua con bajo contenido mineral [s18]. Por lo tanto, es necesario una remineralización del agua después del tratamiento por ósmosis inversa para reponer los minerales faltantes [s18]. Esto puede lograrse mediante aditivos minerales especiales que se ajusten a las necesidades de los habitantes del acuario. Además de los minerales principales como el calcio y el magnesio, los oligoelementos también juegan un papel importante. El estroncio, por ejemplo, promueve la formación ósea en ciertas especies de peces [s19], lo que mejora la estabilidad esquelética y aumenta la resistencia a enfermedades. El yodo, que es enriquecido por algunas algas marinas [s20], es vital para muchos organismos y debe estar presente en la dosis adecuada. Por lo tanto, un suministro equilibrado de minerales y oligoelementos contribuye significativamente al éxito a largo plazo del nano-acuario. A través de pruebas regulares del agua y la adición específica de minerales, se pueden evitar deficiencias y crear condiciones óptimas para los habitantes del acuario. Un agua bien mineralizada no solo proporciona una base estable para el ecosistema, sino que también apoya la vitalidad y el crecimiento saludable de los animales y plantas.

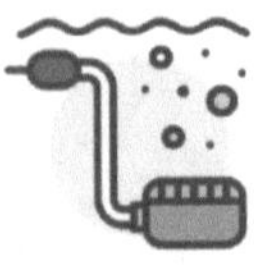

Estroncio [i5]

esqueleto de pez [i6]

Bueno saber

Oligoelementos

Elementos que se requieren en cantidades muy pequeñas, pero que son vitales para la salud y el crecimiento de los habitantes del acuario. Juegan un papel en los procesos metabólicos y la función inmunológica.

Re-mineralización

La adición de minerales al agua que ha sido despojada de minerales mediante procesos como la ósmosis inversa. Esto es importante para establecer la química del agua adecuada para el nano-acuario y garantizar el bienestar de los habitantes del acuario.

Concentración de minerales en agua de acuario nano

Niveles ideales de minerales vs. medidos

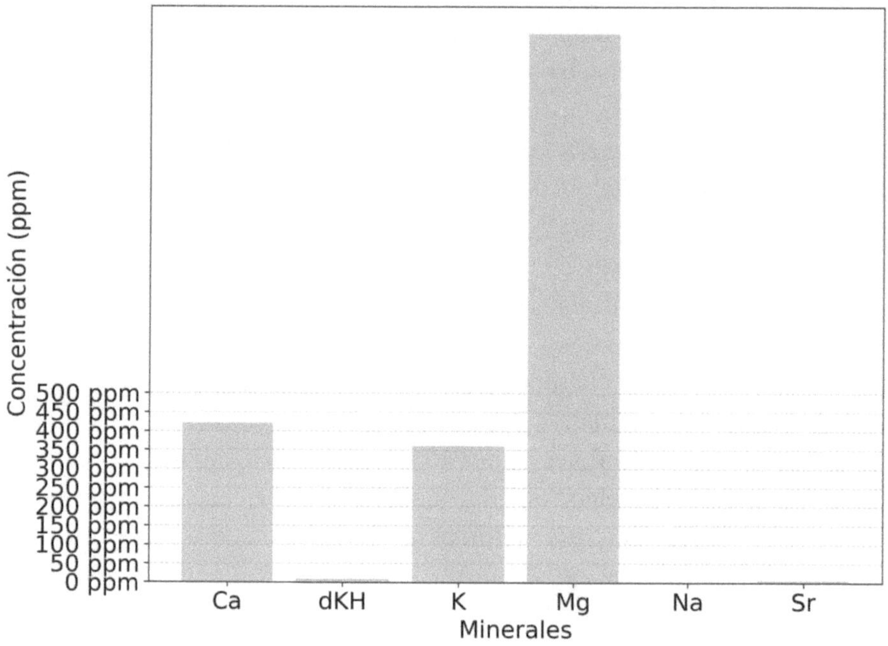

Ca: Calcio

dKH: Dureza de carbonatos

K: Potasio

Mg: Magnesio

Na: Sodio

Sr: Estroncio

Este gráfico destaca los posibles desequilibrios en el contenido mineral del acuario nano. El magnesio elevado sugiere el uso de una mezcla de sal rica en magnesio o suplementos. Si bien el calcio está dentro del rango ideal, los niveles significativamente más bajos de estroncio y potasio podrían afectar el crecimiento del coral y los procesos biológicos en general. Se recomiendan más investigaciones y ajustes para lograr un perfil mineral equilibrado.

Acondicionadores de agua

Los acondicionadores de agua en el nano-acuario sirven para ajustar el agua a las necesidades de los habitantes y contribuyen de manera decisiva a la estabilidad del sensible ecosistema. Además de la remineralisierung del agua tratada por ósmosis inversa, cumplen otras funciones importantes, entre ellas la neutralización de sustancias nocivas. El cloro en el agua del grifo, por ejemplo, que es perjudicial para muchos habitantes del acuario, se puede eliminar de manera confiable mediante los productos adecuados. Además, los acondicionadores de agua también pueden reducir sustancias nocivas orgánicas que pueden acumularse en el acuario. La ozonización, un método efectivo para eliminar tales contaminantes, se aplica más bien en instalaciones más grandes, pero ilustra el potencial de los métodos modernos. También el control de la carga bacteriana juega un papel, especialmente en la fase de ciclado o después de introducir nuevos animales. Aquí se utilizan productos especiales que reducen la carga bacteriana y, por lo tanto, pueden minimizar el riesgo de infecciones. La elección del acondicionador de agua adecuado depende de varios factores, incluidos el tipo de fuente de agua utilizada (agua del grifo, agua de ósmosis), la densidad de población y las necesidades específicas de las especies mantenidas. Para un nano-acuario plantado con camarones sensibles, por ejemplo, son adecuados productos especiales que neutralizan tanto el cloro como los metales pesados y añaden oligoelementos importantes. En un acuario con especies de peces más robustas, el enfoque puede estar en la eliminación de sustancias nocivas orgánicas y la estabilización del pH. Es importante seguir cuidadosamente las instrucciones de dosificación del fabricante para evitar una sobredosis y los efectos negativos asociados en el ambiente del acuario. Las pruebas de agua regulares ayudan a verificar el éxito de las medidas y a realizar ajustes si es necesario. El uso específico de acondicionadores de agua, combinado con el cuidado regular del agua y

un sistema de filtración funcional, forma así la base para un nano-acuario saludable y estable.

Bueno saber

Instrucciones de dosificación

La cantidad recomendada de acondicionador de agua que debe utilizarse según el tamaño del acuario y los valores del agua.

Sobredosis

El uso de una cantidad excesiva de acondicionador de agua, que puede tener efectos negativos en el ambiente del acuario y en sus habitantes.

Sustancias nocivas orgánicas

Productos de descomposición de plantas y animales, así como restos de alimento, que se acumulan en el acuario y pueden afectar la calidad del agua.

Aditivos para el tratamiento del agua del nano acuario

Distribución típica de aditivos para el tratamiento del agua del nano acuario.

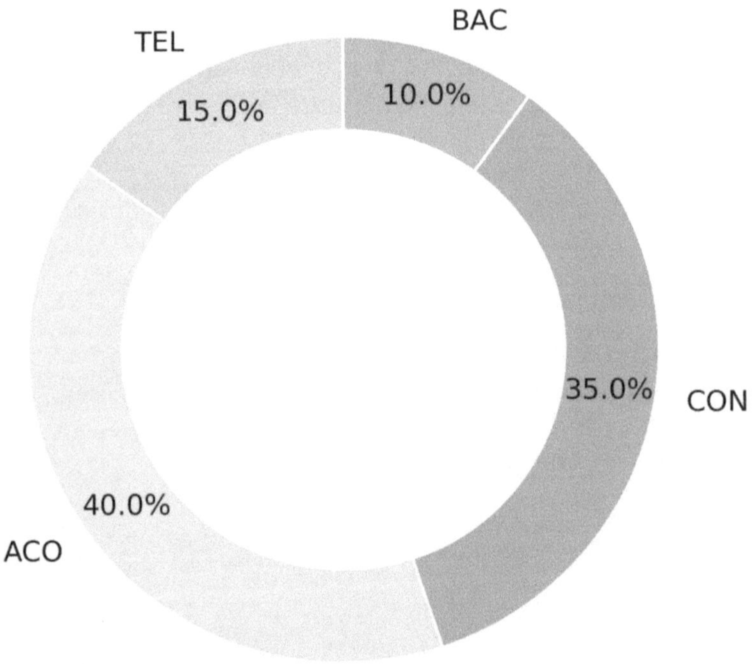

ACO: Declorador

CON: Acondicionador de agua

BAC: Bacterias beneficiosas

TEL: Oligoelementos

El segmento más grande representa el declorador esencial, vital para eliminar el cloro dañino. La parte significativa dedicada a los acondicionadores de agua sugiere un énfasis en ajustar los parámetros del agua para los habitantes sensibles del nano acuario. Aunque más pequeños, los oligoelementos y los aditivos de bacterias especializadas juegan un papel crucial en el mantenimiento de un próspero ecosistema nano.

Consejos concretos

- Utilice agua de lluvia como una fuente de agua gratuita y natural para su nanoacuario, después de filtrarla y tratarla.
- Experimente con conos de aliso en el filtro para acidificar ligeramente el agua de forma natural y reducir la carga bacteriana.
- Utilice turba en una bolsa de filtro separada para introducir ácidos húmicos y ablandar el agua.
- Prepare su agua con una mezcla de agua destilada y agua del grifo para reducir los costos del agua de ósmosis, manteniendo al mismo tiempo los minerales necesarios.
- Filtre el agua del grifo a través de carbón activado para eliminar residuos de medicamentos y otras impurezas antes de utilizar otros tratamientos.
- Determine la composición óptima del agua para sus habitantes del acuario mediante pruebas de agua específicas y ajuste el tratamiento de manera individual.
- Mezcle su propia sal de remineralización a partir de componentes individuales para optimizar el suministro de minerales para sus animales.
- Realice un cambio parcial de agua con agua mineral rica en minerales para mejorar la calidad del agua y estabilizar el equilibrio mineral.
- Verifique los valores del agua después de cada cambio de agua para asegurarse de que se han alcanzado los parámetros deseados.
- Documente todos los pasos de tratamiento del agua realizados y los valores medidos del agua para garantizar una gestión óptima del agua a largo plazo.
- Investigue la composición natural del agua del área de origen de sus habitantes del acuario e intente reproducirla en el nanoacuario.

Revisión - 1. Equipamiento básico del nano acuario

La instalación de un nanoacuario puede parecer simple a primera vista, pero el bajo volumen de agua requiere una cuidadosa selección del equipamiento básico. El filtro, la iluminación, la calefacción y el sustrato deben estar perfectamente coordinados para crear un ecosistema en miniatura estable y saludable. Comencemos con la filtración: para nanoacuarios, se recomiendan filtros internos o de mochila compactos. Preste atención a un rendimiento de filtración adecuado, que esté en consonancia con su población. Las corrientes demasiado fuertes estresan a los habitantes, mientras que una filtración insuficiente pone en peligro la calidad del agua. Considere el uso de medios filtrantes innovadores, como las cenosferas recubiertas de TiO2, que representan una alternativa sostenible al carbón activado convencional. Recuerde que, especialmente durante la fase de ciclado, las pruebas de agua regulares son esenciales para monitorear el desarrollo del filtro biológico y, si es necesario, apoyarlo con preparados de bacterias.

La iluminación también es un factor decisivo. Los modernos sistemas LED ofrecen diversas posibilidades para optimizar las condiciones de luz en el nanoacuario. Elija un sistema con temperatura de color e intensidad de luz ajustables para satisfacer las necesidades de sus plantas y animales. Un temporizador para simular el ritmo natural de día y noche contribuye al bienestar de los habitantes. Al instalar, asegúrese de una iluminación uniforme para evitar la formación de sombras y minimizar el crecimiento de algas. También considere la influencia de la luz en el comportamiento de sus habitantes del acuario: una transición suave de luz azul a luz blanca diurna puede reducir el estrés.

El control de la temperatura en el pequeño acuario requiere atención especial. Elija un calentador regulador con la potencia adecuada para el volumen de su tanque y colóquelo de manera que el calor se distribuya uniformemente. Un termómetro, idealmente con función de alarma, le ayudará a mantener la temperatura en el rango óptimo y evitar fluctuaciones que puedan dañar a los animales. En verano, se pueden utilizar ventiladores para enfriar. Recuerde que la temperatura también influye en la química del agua, como la solubilidad del oxígeno y la toxicidad del amoníaco.

El sustrato forma la base de su nanoacuario. Opte por un sustrato que se ajuste a las necesidades de sus plantas. Un sustrato de grano fino es adecuado para un crecimiento denso de las plantas, mientras que un sustrato de grano grueso es beneficioso para plantas con raíces más robustas. Preste atención a las propiedades químicas del sustrato, especialmente al pH y la composición de nutrientes. Los sustratos de tipo soil ofrecen una buena base de nutrientes para las plantas, mientras que los sustratos inertes pueden requerir fertilización adicional.

La decoración con elementos como piedras, maderas y plantas completa la instalación. Cree escondites y estructure el espacio para ofrecer a sus habitantes del acuario un hábitat natural. Tenga en cuenta los posibles efectos de los materiales en la química del agua. Aquí también se aplica: menos es más. No sobrecargue el pequeño tanque, sino que cree un entorno armonioso y funcional.

Con el equipamiento básico adecuado y un poco de paciencia, puede crear un fascinante ecosistema en miniatura en su nanoacuario. Sea observador, observe a sus habitantes del acuario y ajuste las condiciones si es necesario. El esfuerzo vale la pena: un nanoacuario floreciente es un hermoso punto focal y una enriquecedora adición a cualquier espacio.

2. Población y selección de especies

¿Quién no sueña con crear un fascinante paraíso submarino en miniatura? La elección de los habitantes adecuados determina en gran medida el éxito o el fracaso de un acuario nano. Mientras que algunas especies florecen en pequeños estanques, otras requieren significativamente más espacio para nadar para su bienestar. El equilibrio perfecto entre flora y fauna no solo crea una imagen atractiva, sino que también garantiza un ecosistema estable. En este capítulo descubrirá qué habitantes acuáticos son adecuados para su mini tanque y qué combinaciones sorprendentes son posibles.

2. 1 Habitantes de agua dulce

La selección de los habitantes para un nanoacuario determina su éxito. La densidad de población, la compatibilidad entre especies y las necesidades individuales de los animales influyen en la calidad del agua y el equilibrio biológico. Las decisiones incorrectas conducen rápidamente a enfermedades y pérdidas. Este capítulo aborda el mantenimiento adecuado de peces, camarones, caracoles y otros microorganismos en el espacio limitado de un miniacuario. Se explican los criterios más importantes para una elección de especies y planificación de la población exitosa. Descubra ahora cómo crear un ecosistema armonioso y estable en miniatura.

La consideración de las necesidades de todos los habitantes del acuario, incluidos los caracoles y los microorganismos, es esencial para un acuario nano estable y saludable.

Peces pequeños para nano acuarios

Los nano acuarios ofrecen un espacio limitado, por lo que la selección de especies de peces debe hacerse con cuidado. Los acuarios pequeños requieren peces pequeños que se sientan cómodos en el volumen dado y que no sobrecarguen excesivamente los parámetros del agua. El tamaño del acuario es crucial: en un nano de 10 litros no se deben mantener peces, ya que el espacio no es suficiente para una tenencia adecuada. A partir de 20 litros, algunas especies muy pequeñas son posibles, y un acuario de 30 litros ofrece un poco más de opciones. Los peces adecuados para nano acuarios deben medir un máximo de 5 cm de largo cuando están completamente desarrollados. Los peces más grandes producen más desechos y requieren más espacio para nadar. Un nano acuario sobrepoblado conduce rápidamente a un deterioro de la calidad del agua, lo que favorece enfermedades y la muerte de los peces. Preste atención a la convivencia: no todos los peces pequeños se llevan bien entre sí. Infórmese sobre el comportamiento social y las necesidades de las especies deseadas antes de combinarlas. Algunas especies son más adecuadas para nano acuarios que otras. Peces nano populares y robustos son, por ejemplo, el Corydoras enanas (Corydoras pygmaeus). Estos pacíficos habitantes del fondo se mantienen pequeños, son sociables y ayudan a eliminar los restos de comida en el fondo. Sin embargo, necesitan un grupo de al menos cinco individuos para sentirse cómodos. Por lo tanto, deben ser introducidos solo en acuarios de al menos 30 litros. También algunas pequeñas especies de salmones, como el salmonete chispeante (Hyphessobrycon amandae), pueden mantenerse en nano acuarios. Estos peces de cardumen también requieren un grupo de al menos seis a ocho individuos y prefieren acuarios densamente plantados. La vegetación crea refugios y hace que el acuario se vea más natural. Al seleccionar las plantas, elija especies que se mantengan pequeñas y que no cubran el espacio limitado demasiado rápido. Además del tamaño del acuario y la especie de pez, la filtración en el nano acuario es importante. Un buen filtro asegura agua limpia y elimina contaminantes. Elija un filtro que esté adaptado al tamaño del acuario y que no genere una corriente demasiado fuerte. Muchos peces nano prefieren aguas tranquilas. Los cambios regulares de agua, aproximadamente 1/3 del agua por semana, también son esenciales para mantener la calidad del agua estable y eliminar contaminantes que el filtro no puede captar. La alimentación en el nano acuario debe ser moderada. La sobrealimentación conduce a una mayor carga de agua y puede fomentar el crecimiento de algas. Es mejor alimentar varias veces al día con pequeñas porciones que se consumen en pocos minutos. Asegúrese de ofrecer una dieta variada para proporcionar a los peces los nutrientes necesarios. El alimento vivo o alimento congelado es un buen complemento al alimento seco y promueve la salud y el bienestar de los peces. Antes de introducir peces en su nano acuario, debe dejar que el acuario se ciclice adecuadamente. Esto significa que el acuario debe funcionar durante algunas semanas sin peces para que las bacterias beneficiosas se establezcan en el filtro y en el sustrato. Estas bacterias descomponen los contaminantes y aseguran un equilibrio biológico estable. Con una prueba de agua, puede controlar los valores del agua y asegurarse de que el acuario esté listo para la introducción de peces. Al seleccionar los peces para su nano acuario, debe priorizar las necesidades de los animales. Infórmese a fondo sobre las especies respectivas y elija peces que se adapten en tamaño y comportamiento a su acuario. Un nano acuario bien planificado y cuidado puede ser un fascinante biotopo en miniatura y brindarle mucha alegría. Preste atención al tamaño adecuado del acuario, la filtración adecuada, los cambios regulares de agua y una alimentación adaptada. Así creará condiciones óptimas para sus peces nano y podrá observar su comportamiento en un entorno natural. Recuerde, menos es más: un nano acuario sobrepoblado conduce rápidamente a problemas. Enfóquese en pocas especies bien seleccionadas que se sientan cómodas en su mini biotopo y puedan llevar una vida larga y saludable. Un nano de 30 litros con un cardumen de salmonetes chispeantes, algunos camarones enanos y unos

pocos caracoles puede ser, por ejemplo, un acuario atractivo y de fácil mantenimiento.

Alimento congelado [i7]

Tetra [i8]

Bueno saber

Nano acuario

Término sinónimo para nano acuario. Debido al bajo volumen de agua, la selección de los habitantes y el cuidado son especialmente importantes.

Alimento seco

Alimento producido industrialmente en forma de copos, gránulos o tabletas. Tiene una larga vida útil y proporciona una dieta equilibrada para los peces de acuario.

Corydoras enanas

Una especie popular para nano acuarios, ya que se mantiene pequeña y es pacífica. Las Corydoras enanas viven en grupos en el fondo y ayudan a eliminar los restos de comida. Necesitan arena fina como sustrato.

Nano acuario

Un pequeño acuario, típicamente con un volumen de menos de 60 litros, que es ideal para mantener especies de peces pequeñas, camarones, caracoles y otros invertebrados. Requiere una planificación y cuidado cuidadosos para garantizar un ecosistema estable.

Salmonete chispeante

Un pequeño pez de cardumen colorido que es adecuado para nano acuarios. Los salmonetes chispeantes prefieren acuarios densamente plantados y necesitan un grupo de al menos seis a ocho individuos para sentirse cómodos.

Tamaño máximo de los nanopesces

Tamaño máx. en cm

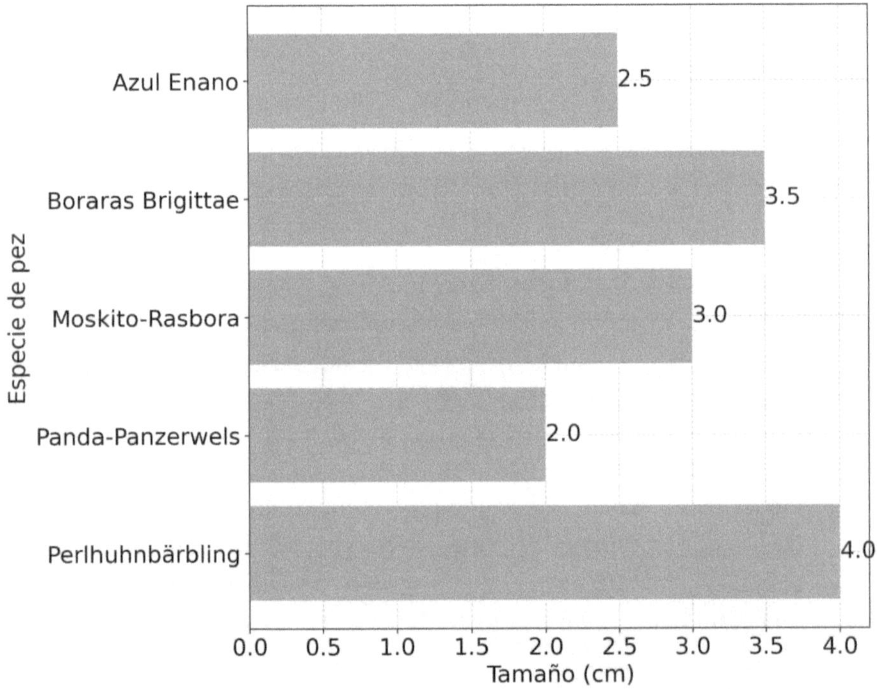

AZE: Azul Enano
BOB: Boraras Brigittae
MOR: Moskito-Rasbora
PAP: Panda-Panzerwels
PEP: Perlhuhnbärbling

El diagrama de barras visualiza el tamaño máximo de varias especies de peces aptas para nanoacuarios. Boraras brigittae y el pez perla siguen siendo los más pequeños, mientras que el gobio enano azul es la especie más grande representada con 4 cm. Esto ilustra las diferencias de tamaño y ayuda a seleccionar los peces adecuados para acuarios pequeños.

Camarones y crustáceos

Los camarones y crustáceos no solo enriquecen visualmente un nano-acuario, sino que también cumplen funciones importantes en el ecosistema. Se alimentan de algas, eliminan restos de comida y mantienen el acuario limpio. Su actividad animada revitaliza el sustrato y la vegetación. Para nano-acuarios, son especialmente adecuadas las especies de camarones enanos, ya que permanecen pequeñas y no sobrecargan el espacio limitado. Al seleccionar los camarones, preste atención a los parámetros del agua de su acuario, ya que diferentes especies tienen diferentes requisitos. Por ejemplo, los camarones Red Fire prefieren agua blanda, mientras que los camarones Yellow Fire también toleran agua más dura. La convivencia con peces también requiere una planificación cuidadosa. Especies de peces pequeñas y pacíficas, como el neón, pueden coexistir con camarones enanos, siempre que haya suficientes escondites, como una vegetación densa o almohadillas de musgo. Estos ofrecen protección a los camarones y minimizan el estrés causado por los peces. [s21] La alimentación también debe adaptarse a las necesidades de ambos grupos. Tanto los camarones como los peces requieren una dieta variada para mantenerse saludables. Asegúrese de que los restos de comida no contaminen el agua. Los camarones se benefician de un alimento específico para camarones que promueve su brillo de color y su crecimiento. La adición de astaxantina puede intensificar la coloración, especialmente el tono rojo, de los camarones y crustáceos, al tiempo que apoya su salud al fortalecer su capacidad antioxidante y su sistema inmunológico. [s22] Un equilibrio adecuado entre peces, camarones y plantas contribuye significativamente a la estabilidad del nano-acuario. Los cambios regulares de agua y el control de los parámetros del agua son esenciales para garantizar un entorno saludable y adecuado para todos los habitantes. También es importante una densidad de población adecuada para prevenir el estrés y las enfermedades. Un acuario

sobrepoblado, incluso en el ámbito nano, puede rápidamente llevar a problemas con la calidad del agua. Tenga en cuenta que los camarones se reproducen y la población en el acuario puede crecer. Esto debe considerarse al planificar la densidad de población.

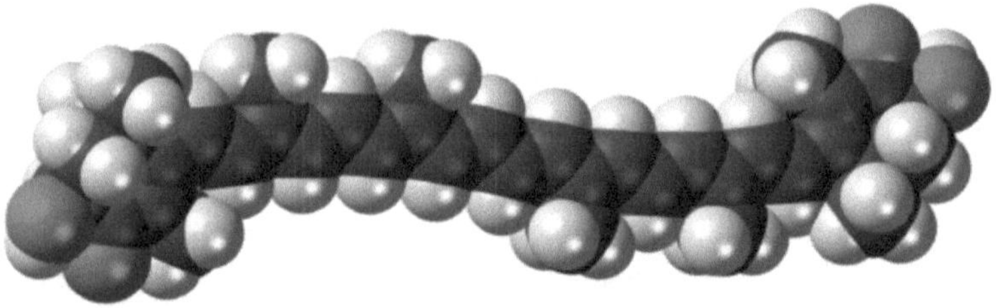

Astaxantina [i9]

Bueno saber

Camarones Red Fire

Los camarones Red Fire son una especie popular de camarones enanos, que se destacan por su color rojo brillante. Prefieren agua blanda y son relativamente fáciles de mantener.

Camarones Yellow Fire

Los camarones Yellow Fire son otra especie popular de camarones enanos, caracterizados por su color amarillo. A diferencia de los camarones Red Fire, también toleran agua más dura.

Densidad de población

La densidad de población se refiere al número de animales en un acuario. Una densidad de población demasiado alta puede causar estrés, enfermedades y problemas con la calidad del agua.

Ecosistema

Un ecosistema en el nano-acuario es un pequeño sistema cerrado que incluye plantas, animales y microorganismos que interactúan entre sí y con su entorno. Un ecosistema funcional es importante para la salud y el bienestar de los habitantes del acuario.

Parámetros del agua

Los parámetros del agua, como la temperatura, el pH, la dureza y el contenido de nitratos, son cruciales para la salud de los habitantes del acuario. El control y ajuste regular de los parámetros del agua son esenciales.

Distribución de Camarones y Crustáceos

Distribución típica de camarones/crustáceos nano de agua dulce.

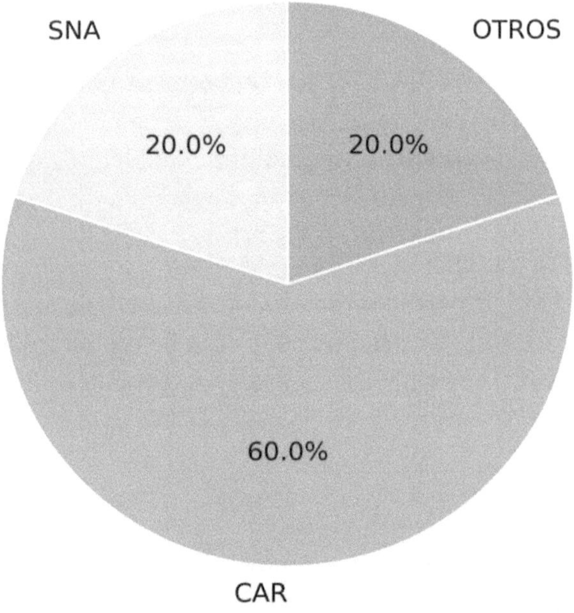

- CAR: Neocaridina (ej. Camarón Cereza Roja)
- OTROS: Otros Camarones (ej. Caridina, Sulawesi)
- SNA: Caracoles (ej. Nerita, Planorbis)

Las especies de Neocaridina, a menudo Camarones Cereza Roja, representan una porción significativa de los habitantes de acuarios nano debido a su facilidad de cuidado y coloración vibrante. Si bien otras especies de camarones y caracoles contribuyen al ecosistema, su menor representación sugiere que se eligen de forma más selectiva en función de las necesidades específicas del tanque o las preferencias estéticas.

Caracoles y microorganismos

Los caracoles y microorganismos desempeñan diversas funciones en el nano-acuario. Además de su enriquecimiento visual, contribuyen a la purificación y al equilibrio biológico. Los caracoles, con más de 80,000 especies diferentes, se alimentan de algas, restos de plantas muertas y sobras de alimento, limpiando así el sustrato y las superficies del acuario. [s23] De este modo, evitan la acumulación de material orgánico y previenen la formación de contaminantes. También los microorganismos, que constituyen más del 95% de las especies en la Tierra, contribuyen a este proceso. [s23] Descomponen sustancias orgánicas y las transforman en nutrientes que pueden ser utilizados por las plantas en el acuario. Sin embargo, la selección de caracoles y microorganismos debe hacerse con cuidado, ya que no todas las especies son adecuadas para cada nano-acuario. Preste atención a la compatibilidad con otros habitantes y a las necesidades específicas de cada especie. Algunas especies de caracoles, como los caracoles depredadores, pueden, por ejemplo, comer otros caracoles o incluso pequeños camarones. [s23] Otros, como el caracol trompeta, se reproducen rápidamente y pueden llevar a la sobrepoblación. Los parámetros del agua también son decisivos para el bienestar de los caracoles. Algunas especies requieren agua más blanda, mientras que otras pueden tolerar agua más dura. La observación del comportamiento de los caracoles puede proporcionar información sobre la calidad del agua y el bienestar general de los habitantes del acuario. Cambios en el comportamiento, como apatía o movimientos inusuales, pueden indicar problemas y deben ser tomados en serio. También la aparición de enfermedades, como la anorexia o infecciones microbianas, puede afectar la salud de los caracoles. [s23] En tales casos, es recomendable consultar a un comerciante especializado o a un veterinario para determinar la causa y tomar las medidas adecuadas. El cuidado adecuado y la selección de las especies adecuadas son cruciales para un nano-acuario

funcional y saludable. Además de los caracoles, también hay una variedad de otros microorganismos en los ecosistemas de agua dulce, incluidos huéspedes no deseados como sanguijuelas. [s24] Estos gusanos hematófagos pueden infestar peces y otros habitantes del acuario y deben ser eliminados de inmediato. Se debe tener cuidado, ya que la eliminación inadecuada puede causar lesiones e infecciones. [s24] Al desprender cuidadosamente la sanguijuela, idealmente con unas pinzas, se puede minimizar el riesgo.

Bueno saber

Equilibrio biológico
El estado en un acuario en el que los diferentes organismos y parámetros del agua se encuentran en una relación estable y saludable.

Infecciones microbianas
Enfermedades causadas por microorganismos como bacterias, virus u hongos que pueden presentarse en peces y invertebrados en el acuario.

Sanguijuelas
Gusanos parásitos que se alimentan de la sangre de peces y otros habitantes del acuario y deben ser evitados en el nano-acuario.

Densidad de invertebrados comunes de agua dulce

Densidad típica de población en un nano acuario equilibrado.

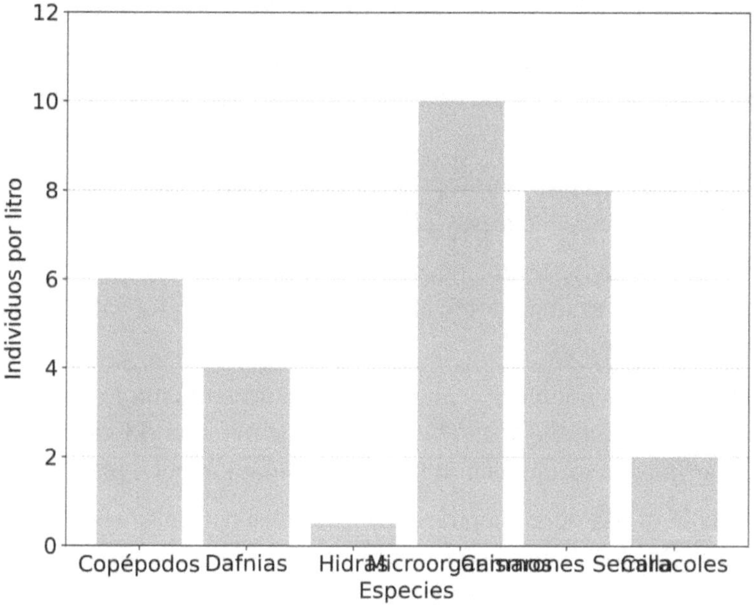

Co: Copépodos

Da: Dafnias

Hy: Hidras

Mi: Microorganismos (ej. bacterias)

Se: Camarones Semilla (Ostrácodos)

Sn: Caracoles (ej. Planorbis)

Los caracoles juegan un papel crucial en el control de algas y la reducción de desechos, mientras que las poblaciones de microorganismos contribuyen a un ecosistema saludable. Una población equilibrada de ambos es esencial para un nano acuario próspero. La densidad comparativamente más baja de hidra indica su naturaleza depredadora y la necesidad de una monitorización cuidadosa para evitar la sobrepoblación y posibles daños a otros habitantes. La dafnia, como fuente de alimento vivo, requiere una gestión cuidadosa para evitar el pastoreo excesivo o la disminución drástica de la población.

Consejos concretos

- Al elegir las especies para su nanoacuario, considere la estructuración vertical: combine habitantes del fondo, como los peces gato, con peces de las zonas media y superior del agua.
- Busque formas de cría de especies conocidas que se mantengan pequeñas para aprovechar al máximo el tamaño del acuario.
- Prefiera al seleccionar especies con necesidades hídricas similares para minimizar el esfuerzo de mantenimiento y crear un entorno estable.
- Configure su nanoacuario para un biotopo específico, como un biotopo de aguas negras, y elija los habitantes en consecuencia.
- No introduzca todos los peces al mismo tiempo, sino que aclimate a los animales gradualmente al nuevo acuario para no sobrecargar el equilibrio biológico.
- Observe detenidamente el comportamiento alimenticio de sus peces y ajuste la cantidad y tipo de alimento de manera individual para evitar la sobrealimentación y la contaminación del agua.
- Varíe la oferta de alimentos con materiales naturales recolectados, no contaminados, como hojas o ortigas (hervidas previamente), para complementar la dieta natural.
- Considere la cría de los habitantes de su nanoacuario para reducir la necesidad de capturas en la naturaleza y al mismo tiempo obtener interesantes perspectivas sobre el desarrollo de los animales.
- Comparta experiencias con otros acuaristas sobre la convivencia de ciertas especies en el nanoacuario para beneficiarse de su conocimiento.

2. 2 Habitantes de agua salada

La selección de los habitantes marinos adecuados es crucial para un nanoacuario exitoso. Desde la convivencia de diferentes especies hasta la consideración de las necesidades individuales y la adaptación al espacio limitado, cada factor influye en el delicado equilibrio del mini tanque. Los errores en la elección de especies pueden llevar al estrés, enfermedades y, en última instancia, a la pérdida de los animales. Descubra en este capítulo cómo seleccionar los habitantes adecuados para su nanoacuario marino y crear un ecosistema armonioso.

En el nanoacuario de agua de mar, la cuidadosa selección de los habitantes según sus necesidades y compatibilidades es crucial para un ecosistema estable y saludable.

Corales para mini arrecifes

Los corales forman la base de cualquier mini arrecife y su selección debe ajustarse cuidadosamente al volumen del acuario. La velocidad de crecimiento y el tamaño final juegan un papel crucial en la estabilidad a largo plazo del sistema. Las especies de crecimiento lento y tamaño pequeño son más adecuadas para comenzar, ya que dominan menos rápidamente el espacio limitado y ofrecen el margen necesario para ajustes. La sensibilidad a los parámetros del agua varía considerablemente entre las especies de corales. Las especies robustas que toleran fluctuaciones son recomendables para principiantes, ya que minimizan el esfuerzo de cuidado y control. Además, la colocación de los corales en el acuario influye en su crecimiento y salud. Las especies que requieren mucha luz deben colocarse en la parte superior, mientras que los corales que prefieren la sombra deben situarse en la parte inferior o bajo salientes. La corriente de agua es otro factor importante. Los corales que prefieren corrientes fuertes deben colocarse en áreas con alta movilidad del agua, mientras que otras especies necesitan zonas más tranquilas. [s25] Herramientas genéticas, como DNA-Barcoding, pueden ser útiles para determinar la especie exacta del coral, lo que es especialmente beneficioso para el cuidado y comprensión de sus necesidades específicas. [s25] El nanoplástico, que puede ingresar al acuario a través de cosméticos u otras fuentes, afecta el crecimiento y la reproducción de las algas simbióticas en los corales. [s26] Estas algas, también llamadas zooxantelas, son vitales para los corales, ya que les proporcionan energía a través de fotosíntesis. Una densidad reducida de algas debilita a los corales y aumenta su susceptibilidad a enfermedades. Para contrarrestar esto, se debe evitar el uso de productos que contengan plástico en el entorno del acuario y utilizar un skimmer de alta calidad para filtrar nanopartículas del agua.

Skimmer de proteínas [i10]

Bueno saber

DNA-Barcoding

Un método de identificación de especies que utiliza secciones cortas y estandarizadas de ADN para identificar organismos como los corales en acuarios nano, asegurando así un cuidado óptimo.

Fotosíntesis

El proceso mediante el cual las plantas y algas, como las zooxantelas en los corales, generan energía y liberan oxígeno utilizando luz, agua y dióxido de carbono, lo cual es importante para el equilibrio del ecosistema en el acuario nano.

Skimmer

Un dispositivo que elimina sustancias orgánicas disueltas y otros contaminantes del agua en acuarios de agua salada al introducir burbujas de aire, antes de que se descompongan y afecten la calidad del agua.

Distribución de coral en nanoarrecifes

Distribución típica de coral en un acuario de nanoarrecife.

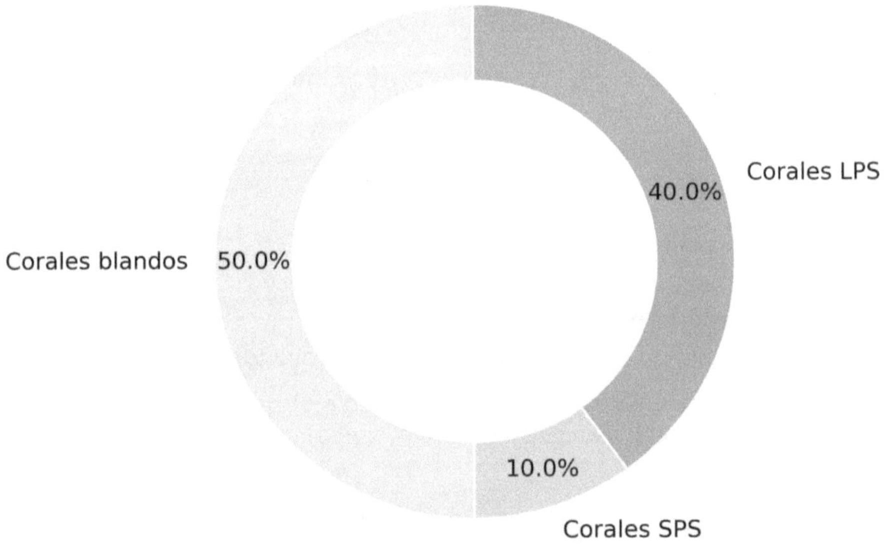

- LPS: Corales LPS
- SOF: Corales blandos
- SPS: Corales SPS

Esta distribución sugiere un enfoque equilibrado para la selección de coral en nanoarrecifes, favoreciendo una proporción ligeramente mayor de corales blandos debido a su adaptabilidad y crecimiento generalmente más rápido en entornos más pequeños. Los corales LPS, aunque presentes, ocupan un porcentaje menor debido a su mayor tamaño y requisitos de cuidado específicos. La presencia mínima de SPS refleja los desafíos de mantener sus exigentes necesidades en un entorno nano.

Peces pequeños en agua salada

Los peces pequeños en un nanoacuario de agua de mar presentan requisitos especiales de cuidado. Además de la selección de especies adecuadas que se adapten a las limitadas condiciones de espacio, la calidad del agua es crucial para su bienestar. Los peces pequeños son especialmente sensibles a contaminantes. Los restos de cigarrillos, incluso si no han sido fumados, liberan toxinas en el agua que pueden ser mortales para los peces de agua salada incluso en bajas concentraciones [s27]. Por lo tanto, se recomienda evitar cualquier contacto de los restos de cigarrillos con el agua del acuario. El microplástico también representa un peligro serio [s28] [s29]. Los estudios muestran que el microplástico puede ser detectado no solo en el tracto digestivo, sino también en las branquias y músculos de los peces pequeños [s29]. Las consecuencias van desde estrés oxidativo hasta problemas reproductivos. Partículas especialmente pequeñas (≤5 μm) afectan negativamente la salud de los peces [s29]. Un skimmer eficiente puede ayudar a reducir la carga de microplásticos en el acuario. Además, se deben mantener alejados del acuario cosméticos y otras fuentes potenciales de microplásticos. La osmorregulación, es decir, la regulación del equilibrio hídrico en el cuerpo, es especialmente importante para los peces en agua salada. Diferentes especies han desarrollado diversos mecanismos para lidiar con la salinidad del agua. El pez espinoso, que se encuentra tanto en agua salada como dulce, regula la expresión de ciertos genes para adaptarse a los cambios en la salinidad. La actividad del gen Na+/K+-ATPasa, por ejemplo, está aumentada en los peces de agua salada para asegurar el transporte de sal [s30]. Este ejemplo ilustra los complejos mecanismos de adaptación de los peces a su entorno y subraya la importancia de parámetros de agua estables en el nanoacuario.

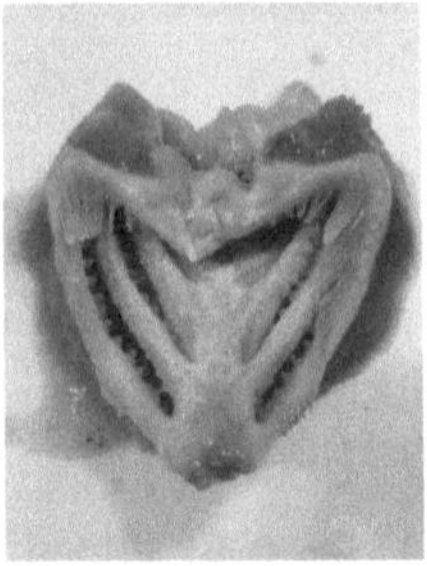

branquias [i11]

Bueno saber

Restos de cigarrillos

Los restos de cigarrillos contienen una variedad de toxinas que pueden ser mortales para los habitantes del agua de mar incluso en pequeñas cantidades. La nicotina y otros químicos se disuelven en el agua y pueden dañar la función branquial y el sistema nervioso de los animales. Por lo tanto, es importante mantener los restos de cigarrillos y otros productos de tabaco alejados de los acuarios.

Na+/K+-ATPasa

La Na+/K+-ATPasa es una enzima que juega un papel importante en la osmorregulación de los animales marinos. Transporta iones de sodio y potasio a través de la membrana celular y ayuda a regular el equilibrio de sal en el cuerpo. La actividad de esta enzima se ve influenciada por la salinidad del agua circundante.

Osmorregulación

La osmorregulación es el proceso mediante el cual los animales marinos regulan el equilibrio de sal y agua en su cuerpo. En un nanoacuario, es importante mantener parámetros de agua estables para no interferir con la osmorregulación de los animales. Las fluctuaciones en la salinidad pueden causar estrés y problemas de salud.

Comparación de tamaños de peces nano

Tamaño máximo de nanopescados seleccionados

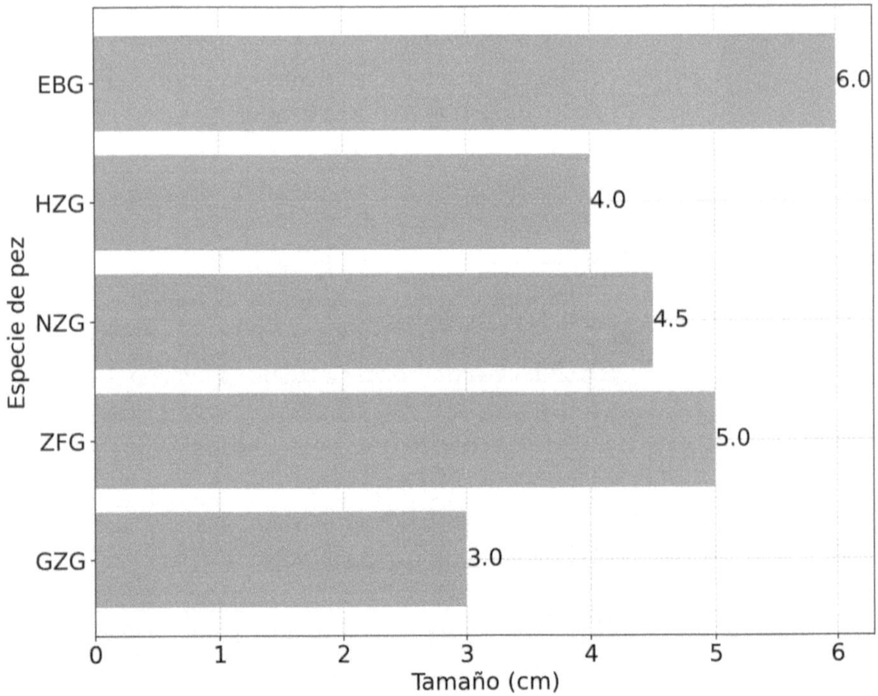

EBG: Gobio Eviota

HZG: Gobio Héctor

ZFG: Pez león enano

GZG: Gobio enano amarillo

NZG: Gobio enano naranja

El diagrama de barras horizontal ilustra el tamaño máximo de varios nanopescados populares. Se hace evidente que algunas especies, como el pez león enano, permanecen significativamente más pequeñas que otras, como el gobio enano amarillo. Esto debe tenerse en cuenta al seleccionar la población para un nano acuario.

Invertebrados marinos

Los invertebrados marinos constituyen un grupo fascinante y diverso en el acuario de agua salada, contribuyendo significativamente a la estabilidad y estética del ecosistema. Sin embargo, su selección debe ser bien considerada, ya que las necesidades de las diferentes especies varían considerablemente. Cangrejos, caracoles, estrellas de mar y camarones cumplen diversas funciones en el nanoacuario. Algunas especies ayudan en el control de algas, mientras que otras se encargan de detritus y, por lo tanto, mejoran la calidad del agua. Los camarones limpiadores, a su vez, liberan a los peces y corales de parásitos y partes muertas de piel. La convivencia de diferentes especies requiere una planificación cuidadosa. Por ejemplo, algunas estrellas de mar se alimentan de otros invertebrados y, por lo tanto, no son adecuadas para todos los acuarios. Otro aspecto importante es la sensibilidad de los invertebrados a los wasserparametern. Las fluctuaciones en la salinidad, la temperatura o los valores de nutrientes pueden rápidamente causar estrés y enfermedades. Por lo tanto, el control y ajuste regular de los valores del agua es esencial para garantizar el bienestar de los animales. Al igual que con los peces, el envejecimiento de los invertebrados marinos puede ir acompañado de cambios a nivel celular y molecular que afectan su esperanza de vida. [s31] Aunque estos procesos aún están poco investigados en muchas especies, esto ilustra la complejidad de los procesos vitales y la necesidad de un mantenimiento adecuado. Un acuario estable con condiciones óptimas contribuye a promover la salud y longevidad de los invertebrados.

Detritos [i12]

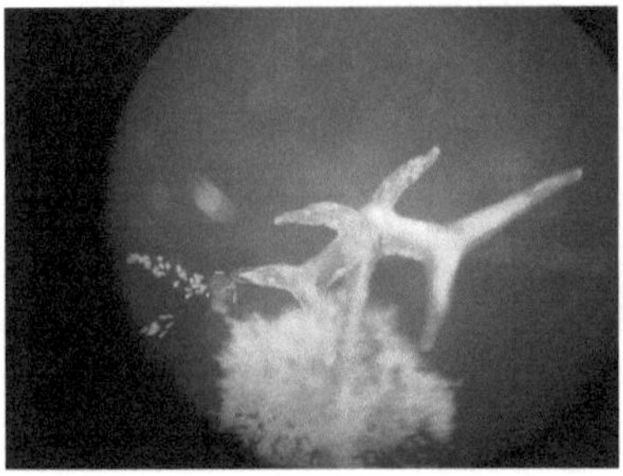

Parásito (pez) [i13]

Gamba limpiadora [i14]

Bueno saber

Detritus

Sustancias de desecho orgánico que se acumulan en el acuario, como restos de comida, plantas muertas y excreciones de los animales. En el nanoacuario de agua salada, la eliminación de detritus es especialmente importante para mantener alta la calidad del agua.

Parásitos

Organismos que viven sobre o dentro de otro ser vivo (huésped) y se alimentan de él. En el acuario de agua salada, los parásitos pueden afectar a los peces y a los invertebrados, causando enfermedades. Los camarones limpiadores y algunas especies de peces ayudan a controlar los parásitos.

Valores de nutrientes

Concentraciones de sustancias como nitrato y fosfato en el agua, que son importantes para el crecimiento de algas y corales. En el nanoacuario de agua salada, los valores de nutrientes deben ser controlados cuidadosamente para evitar un crecimiento excesivo de algas y garantizar la salud de los corales.

Distribución Común de Invertebrados Nano

Distribución típica de invertebrados en acuarios de agua salada nano.

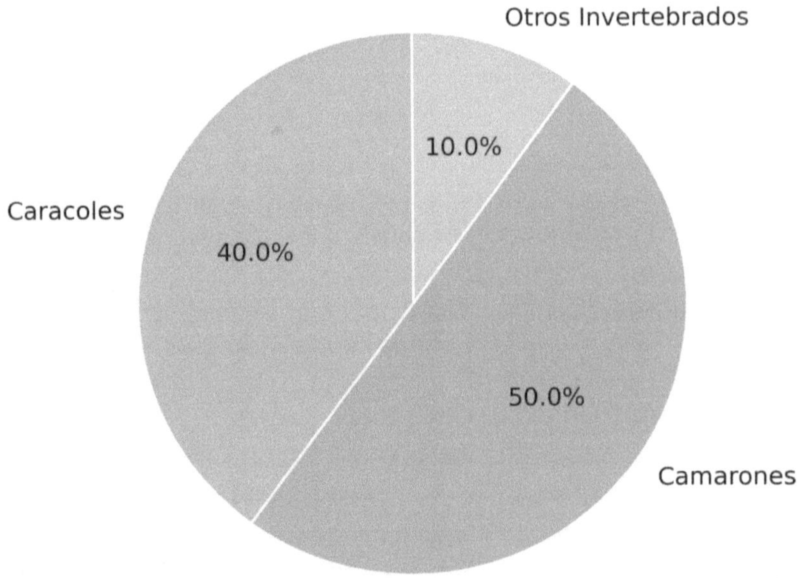

- CAM: Camarones (ej. Camarón Limpiador, Camarón Enano)
- CAR: Caracoles (ej. Nassarius, Cerith)
- OTR: Otros Invertebrados

Los caracoles y los camarones juegan un papel crucial en el ecosistema de un acuario nano, con los caracoles enfocados principalmente en el control de algas y los camarones contribuyendo a la eliminación de desechos. El porcentaje más pequeño de 'Otros' puede incluir invertebrados menos comunes como pequeñas estrellas de mar o anémonas, lo que añade biodiversidad pero requiere una consideración cuidadosa debido al espacio limitado y los recursos de un entorno nano.

Consejos concretos

- Infórmese sobre las fuentes de alimento naturales de los habitantes marinos deseados y trate de reproducirlas en el acuario.
- Considere la cría de organismos alimenticios especializados, como copépodos o fitoplancton, para optimizar la nutrición de sus habitantes marinos.
- Al seleccionar las especies, tenga en cuenta los diferentes horarios y áreas de actividad de los animales para minimizar la competencia y el estrés.
- Cree diferentes microhábitats en el acuario, por ejemplo, con diferentes sustratos o condiciones de corriente, para satisfacer las necesidades de diversas especies.
- Opte por una ocupación gradual del acuario, comenzando con especies robustas y adaptables, para establecer lentamente el equilibrio biológico.
- Prefiera al elegir especies animales de la misma región geográfica para crear un mini arrecife armonioso y natural.
- Investigue la estructura social de las especies deseadas y considere esto al determinar la densidad de población y la distribución de sexos.
- Observe detenidamente el comportamiento de sus habitantes marinos y ajuste la ocupación si es necesario para evitar conflictos y estrés.
- Aproveche la posibilidad de cuarentena para los animales recién adquiridos, para prevenir la introducción de enfermedades y parásitos.
- Preste atención a una mezcla equilibrada de alimentos vegetales y animales para satisfacer las diferentes necesidades nutricionales.

2. 3 Selección de plantas

La selección de plantas en el nanoacuario influye de manera decisiva en la estética y el bienestar de los habitantes. El tamaño del acuario, las condiciones de luz y los parámetros del agua determinan qué especies prosperan en el primer, medio y fondo. Decisiones incorrectas conducen a problemas como el crecimiento de algas, plantas marchitas o animales estresados. Los paisajes acuáticos exitosos requieren una planificación cuidadosa de la plantación. Se deben considerar las diferentes necesidades de las especies de plantas y ajustarlas a los otros habitantes del acuario. Esto afecta tanto la forma y velocidad de crecimiento como el suministro de nutrientes y la compatibilidad con la población. Descubra ahora cómo puede transformar su nanoacuario en un biotopo armonioso y floreciente con la selección adecuada de plantas.

La selección de plantas en el nanoacuario debe tener en cuenta las necesidades de todos los habitantes del acuario, tanto las de las plantas en relación con la luz, los nutrientes y los parámetros del agua, como las de los peces y otros animales en cuanto a sus hábitos y bienestar.

Plantas de primer plano

Las plantas de primer plano moldean significativamente la impresión visual de un nanoacuario y crean profundidad espacial. La selección de las especies adecuadas depende de varios factores, incluidos el tamaño del acuario, las condiciones de luz y los nutrientes disponibles. Especialmente en acuarios más pequeños, la planificación cuidadosa de la plantación es importante para lograr una imagen general armoniosa. Las plantas tapizantes forman céspedes densos y en forma de alfombra, ocultando así el sustrato a menudo poco atractivo. Su bajo crecimiento asegura que no obstruyan la vista de las plantas de medio y fondo. Algunas especies se propagan rápidamente a través de estolones y, por lo tanto, requieren recortes regulares. Otras crecen más lentamente y son adecuadas para acuaristas que desean invertir menos tiempo en el cuidado. Las necesidades de luz de las plantas de primer plano varían considerablemente. Mientras que algunas especies pueden sobrevivir con poca luz, otras requieren una iluminación intensa para prosperar. La intensidad de la iluminación debe ajustarse a las necesidades de las plantas para evitar el crecimiento de algas y fomentar un crecimiento saludable de las plantas. Los nutrientes también juegan un papel importante en el crecimiento y la salud de las plantas de primer plano. Un sustrato rico en nutrientes y una fertilización regular con fertilizantes líquidos proporcionan a las plantas los nutrientes necesarios. La dosificación del fertilizante debe ajustarse al tamaño del acuario y a la población de peces para evitar la sobre-fertilización y el consiguiente crecimiento de algas. Los parámetros del agua, como la temperatura y el phwert, también influyen en el crecimiento de las plantas de primer plano. La mayoría de las especies prefieren agua blanda a medianamente dura con un pH neutro a ligeramente ácido. La temperatura del agua debe ajustarse a las necesidades de cada especie. Un cambio parcial de agua regular ayuda a mantener la calidad del agua en el acuario y proporciona a las plantas condiciones óptimas de crecimiento. La selección de las plantas de primer plano adecuadas no solo contribuye a la estética del acuario, sino que también mejora la calidad del agua. Las plantas consumen nutrientes y producen oxígeno, lo que inhibe el crecimiento de algas y crea un ambiente saludable para los peces y otros habitantes del acuario. Al seleccionar las plantas de primer plano, también se deben considerar las necesidades de otros habitantes del acuario. Algunas especies de peces disfrutan mordisqueando plantas o removiendo el sustrato, lo que puede ser problemático para las plantas de primer plano sensibles. En tales casos, se deben elegir especies robustas que puedan resistir las actividades de los peces. La plantación del primer plano puede realizarse mediante diversas técnicas. Las plantas más pequeñas pueden ser plantadas individualmente en el sustrato con unas pinzas. Para las especies tapizantes que se propagan a través de estolones, se recomienda plantar pequeños mechones que luego se expandirán con el tiempo en una densa alfombra. Para fomentar un crecimiento uniforme, las plantas deben ser cuidadas a intervalos regulares. Los brotes más largos pueden ser recortados con unas tijeras para mantener la forma de las plantas y prevenir un crecimiento excesivo. Las hojas muertas deben ser eliminadas para mantener la calidad del agua y prevenir procesos de descomposición. La combinación de diferentes plantas de primer plano puede lograr efectos visuales interesantes. Al utilizar plantas con diferentes formas, colores y tamaños de hojas, se puede crear un aspecto variado y natural. Por ejemplo, se pueden combinar especies de hojas finas como Eleocharis acicularis con especies de hojas anchas como Glossostigma elatinoides para crear un contraste en la textura. La elección de las plantas de primer plano no solo influye en la apariencia del acuario, sino también en las condiciones de vida de los habitantes del acuario. Un primer plano densamente plantado ofrece escondites para peces tímidos y alevines, contribuyendo así a su bienestar. Al mismo tiempo, la plantación mejora la calidad del agua y crea un biotopo acuático natural y armonioso. Un ejemplo de una planta de primer plano robusta y de bajo mantenimiento es el Anubias barteri nana. Esta planta

requiere poca luz y puede sobrevivir con cantidades limitadas de nutrientes. Se adhiere a piedras y raíces y no necesita ser plantada en el sustrato. Por lo tanto, es especialmente adecuada para acuarios con especies de peces que excavan. A través de la combinación hábil de plantas de primer plano, un nanoacuario puede transformarse en una pequeña y vibrante obra de arte. Con la selección y el cuidado adecuados de las plantas, se crea un atractivo y saludable paraíso submarino para peces y plantas.

Alturas de crecimiento de plantas en primer plano

Alturas típicas en nano acuarios

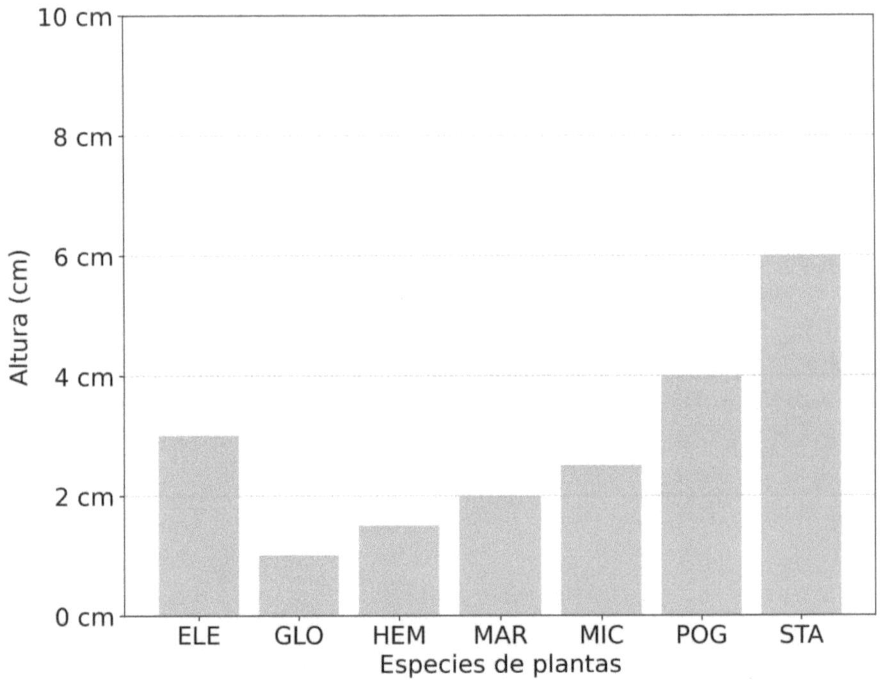

ELE: Eleocharis parvula

GLO: Glossostigma elatinoides

HEM: Hemianthus callitrichoides 'Cuba'

MAR: Marsilea hirsuta

MIC: Micranthemum 'Monte Carlo'

POG: Pogostemon helferi

STA: Staurogyne repens

Este gráfico destaca la diversa gama de alturas alcanzables con plantas de primer plano populares. Desde la Glossostigma elatinoides de bajo crecimiento hasta la Staurogyne repens más alta, los paisajistas acuáticos tienen opciones para crear diseños de primer plano variados y dinámicos. Las plantas de altura media ofrecen un equilibrio entre la formación de alfombras y el interés visual, evitando una apariencia completamente plana.

Plantas de medio fondo

Las plantas de medio fondo forman la transición en el acuario entre las plantas de bajo crecimiento del primer plano y las plantas de fondo de alto crecimiento. Proporcionan estructura y profundidad al tanque, al tiempo que ofrecen escondites para los habitantes del acuario. La selección de especies adecuadas depende del tamaño del tanque, las condiciones de luz y los parámetros del agua. En acuarios más pequeños, son más adecuadas las especies de bajo crecimiento, mientras que en tanques más grandes se pueden utilizar plantas más grandes y arbustivas. Las exigencias de luz también varían considerablemente: algunas especies prosperan con luz tenue, mientras que otras requieren una iluminación más intensa. Por lo tanto, un acuarista debe ajustar la intensidad de la luz a las necesidades de las plantas. De este modo, evita el crecimiento excesivo de algas y al mismo tiempo fomenta un crecimiento saludable de las plantas. Los nutrientes son esenciales para el crecimiento. Un sustrato rico en nutrientes, como un sustrato para acuarios, puede ser beneficioso. Además, una fertilización regular con fertilizante líquido proporciona a las plantas los nutrientes necesarios. La dosificación del fertilizante debe ajustarse al tamaño del tanque y a la población para evitar la sobre-fertilización y el consiguiente crecimiento de algas. También los valores del agua juegan un papel importante. La mayoría de las plantas de medio fondo prefieren agua blanda a medianamente dura con un pH neutro a ligeramente ácido. Los cambios parciales de agua regulares contribuyen a la estabilidad de la calidad del agua y ofrecen a las plantas condiciones óptimas de crecimiento. Las plantas de medio fondo cumplen diversas funciones en el acuario. Estructuran el espacio, ofrecen refugio a los peces y contribuyen a mejorar la calidad del agua al absorber nutrientes y producir oxígeno. Al seleccionar, se consideran las necesidades de los otros habitantes del acuario. Algunas especies de peces mordisquean las plantas, por lo que en tales casos se deben elegir especies robustas. También la forma de crecimiento de las plantas es relevante. Las especies de crecimiento erecto, como algunas plantas de tallo, generan un efecto visual diferente al de las plantas arbustivas, como diversas especies de Echinodorus. Para el diseño del medio fondo, se pueden utilizar diversas técnicas de plantación. Las plantas de tallo pueden plantarse en grupos para lograr un denso crecimiento. Las plantas rizomatosas, que forman ejes de tallo que crecen horizontalmente, se colocan con un poco de espacio entre sí para que puedan expandirse. La poda regular mantiene la forma deseada y fomenta un crecimiento arbustivo. Se deben eliminar las hojas muertas para mantener la calidad del agua. La combinación de diferentes plantas de medio fondo con diversas formas, colores y tamaños de hojas crea un aspecto variado y natural. Así, se puede lograr un interesante contraste de color combinando plantas de hojas rojas, como Alternanthera reineckii 'rosaefolia', con especies de hojas verdes, como Hygrophila corymbosa 'siamensis'. También diferentes estructuras de hojas contribuyen a la diversidad visual. Las plantas de hojas finas parecen delicadas, mientras que las de hojas anchas transmiten una impresión robusta. Al combinar diferentes formas de crecimiento, se crea una imagen dinámica y viva en el acuario. Así, las plantas de tallo de crecimiento erecto se complementan bien con especies de crecimiento en roseta o aquellas que forman estolones horizontales. A través de la combinación inteligente de diferentes especies, se puede diseñar el medio fondo de manera individual y adaptarlo a las necesidades de los habitantes del acuario. Un medio fondo densamente plantado no solo ofrece escondites, sino que también contribuye al bienestar de los animales. Las plantas crean un hábitat natural y fomentan un biotopo acuático equilibrado. Así, un acuario con un medio fondo diseñado de manera variada puede convertirse en un fascinante jardín submarino. La selección y el cuidado adecuados de las plantas son decisivos para un acuario saludable y atractivo.

Bueno saber

Cambio parcial de agua
Intercambio regular de una parte del agua del acuario por agua fresca. Ayuda a mantener la calidad del agua, reducir contaminantes y proporcionar a las plantas condiciones óptimas de crecimiento.

Plantas en roseta
Plantas cuyas hojas crecen en forma circular desde una base central, formando así una roseta. Esta forma permite una óptima captación de luz, especialmente cerca del fondo.

Plantas de tallo
Crecen principalmente de forma vertical y forman hojas y brotes laterales a lo largo del tallo. Son adecuadas para el diseño del fondo y medio fondo en el acuario.

Plantas rizomatosas
Plantas con ejes de tallo que crecen horizontalmente (rizomas), de los cuales surgen nuevos brotes y raíces. Se expanden horizontalmente en el acuario y forman poblaciones densas.

Sustrato para acuarios
Sustrato especial para acuarios que contiene nutrientes para las plantas acuáticas y al mismo tiempo actúa como medio filtrante. Diferentes granulometrías y composiciones están disponibles para diferentes especies de plantas y tipos de acuarios.

Selección de plantas de medio plano

Tasa de crecimiento vs. requerimiento de luz para plantas de acuario nano.

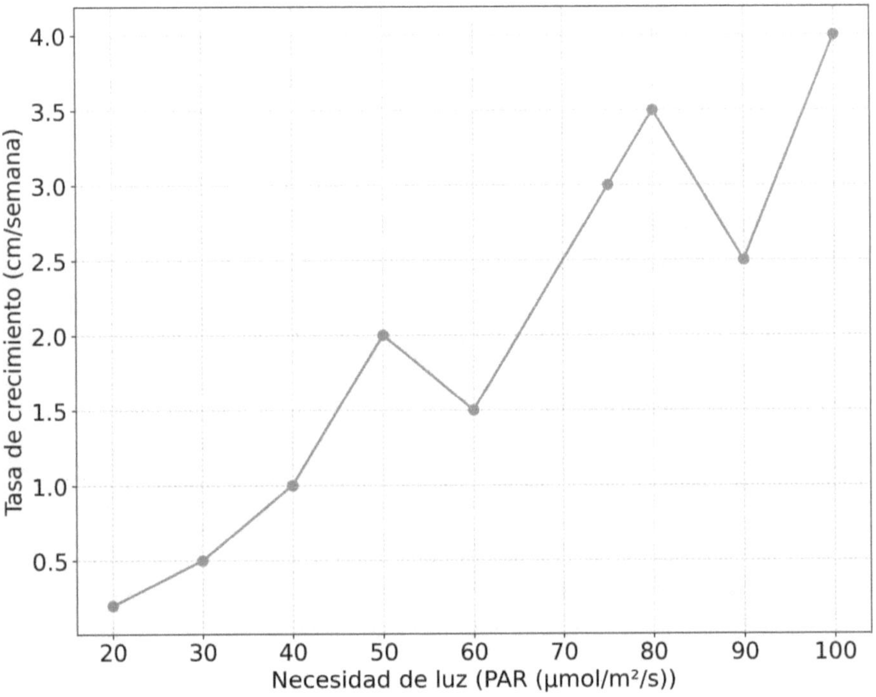

Este gráfico muestra la compensación entre la tasa de crecimiento y los requisitos de luz. Las plantas de crecimiento rápido generalmente necesitan más luz, mientras que las plantas de crecimiento más lento pueden tolerar condiciones de luz más bajas. Esto permite la selección en función de la iluminación del acuario y la frecuencia de mantenimiento deseada.

Plantas de fondo

Las plantas de fondo forman el cierre visual de un acuario y contribuyen significativamente a la profundidad espacial. Ocultan la pared trasera y la tecnología en el tanque, creando así un ambiente más natural. La selección de las especies adecuadas depende del tamaño del tanque, las condiciones de luz y los parámetros del agua. En acuarios altos, se recomiendan las staengelpflanzen que alcanzan la superficie del agua y forman densas poblaciones allí. En tanques más pequeños, las especies de menor altura, como algunas especies de Bucephalandra que crecen sobre piedras o raíces, son una buena elección. Las necesidades de luz varían según la especie. Algunas plantas de fondo toleran áreas sombreadas, mientras que otras requieren mucha luz para desplegar su esplendor de colores. Una iluminación adecuada es importante para satisfacer tanto las necesidades de las plantas como para evitar el crecimiento de algas. Los nutrientes son esenciales para un crecimiento saludable de las plantas. Un sustrato rico en nutrientes y una fertilización regular con fluessigduenger proporcionan a las plantas los elementos necesarios. La dosificación del fertilizante debe ajustarse al tamaño del tanque y a la población, para evitar la sobre-fertilización y el consiguiente crecimiento de algas. Los parámetros del agua, como la temperatura y el pH, también influyen en el crecimiento de las plantas de fondo. La mayoría de las especies prefieren agua blanda a medianamente dura con un pH neutro a ligeramente ácido. Los teilwasserwechsel regulares ayudan a mantener la calidad del agua en el acuario y a proporcionar condiciones óptimas de crecimiento para las plantas.

Además de su función estética, las plantas de fondo también cumplen funciones importantes en el acuario. Proporcionan escondites para peces tímidos y alevines y contribuyen a mejorar la calidad del agua al consumir nutrientes y producir oxígeno. Al seleccionar las plantas de fondo, también se deben considerar las necesidades de los otros habitantes del acuario. Algunas especies de peces disfrutan mordisqueando las plantas. En tales casos, se deben elegir especies robustas que puedan soportar las actividades de los peces. La plantación de las plantas de fondo generalmente se realiza en grupos. Las plantas de tallo pueden ser colocadas directamente en el sustrato, mientras que las plantas epífitas, como algunas especies de Microsorum, se fijan a piedras o raíces. Un recorte regular mantiene la forma deseada y promueve un crecimiento frondoso. Las hojas muertas deben ser eliminadas para mantener la calidad del agua y prevenir procesos de descomposición.

Microsorum [i15]

La combinación de diferentes plantas de fondo con diversas formas, colores y tamaños de hojas genera un aspecto variado y natural. Así, se puede crear un interesante contraste de color combinando plantas de hojas rojas con especies de hojas verdes. También diferentes estructuras de hojas contribuyen a la diversidad visual. Las plantas de hojas finas parecen delicadas, mientras que las especies de hojas anchas transmiten una impresión robusta. La elección del color de fondo puede influir en el comportamiento y el nivel de estrés de los animales, como en el caso

Vallisneria gigantea [i16]

de ciertas especies de ranas. Los fondos verdes y grises parecen tener un efecto calmante [s32]. Este principio se puede aplicar al diseño del acuario, ajustando los colores de las plantas de fondo a las necesidades de los habitantes del acuario. Por ejemplo, tonos oscuros y tranquilos pueden llevar a un mayor bienestar en especies de peces tímidos. A través de la combinación hábil de plantas de fondo, se puede personalizar el acuario y adaptarlo a las necesidades de sus habitantes. Un fondo densamente plantado no solo ofrece escondites, sino que también contribuye al bienestar de los animales. Las plantas crean un hábitat natural y fomentan un biotopo acuático equilibrado. Por ejemplo, una densa plantación de Vallisneria gigantea en el fondo de un acuario más grande puede ofrecer a los peces lugares de refugio y, al mismo tiempo, mejorar el medio acuático mediante la producción de oxígeno. Con la selección y el cuidado adecuados de las plantas, se crea un atractivo y saludable paraíso submarino para peces y plantas.

Bucephalandra

Las especies de Bucephalandra son plantas epífitas de crecimiento lento que son muy populares en nano-acuarios. Requieren poca luz y son relativamente fáciles de cuidar. Al seleccionar especies de Bucephalandra, se debe prestar atención al color y la forma de la hoja para crear un contraste interesante en el acuario.

Plantas epífitas

Las plantas epífitas crecen sobre piedras o raíces y son especialmente adecuadas para el diseño de nano-acuarios. No requieren ser plantadas en el sustrato y ofrecen una forma interesante de decorar el acuario. Al seleccionar plantas epífitas, se debe prestar atención a las necesidades de luz y al tamaño para asegurarse de que sean adecuadas para el acuario en cuestión.

Vallisneria gigantea

Vallisneria gigantea es una planta de fondo de rápido crecimiento, especialmente adecuada para acuarios más grandes. Forma largas hojas en forma de cinta y ofrece escondites para los peces. Al seleccionar Vallisneria gigantea, se debe tener en cuenta el tamaño del acuario, ya que puede crecer bastante.

Espacio requerido para plantas de fondo

Espacio requerido para diferentes plantas de fondo para nano acuarios.

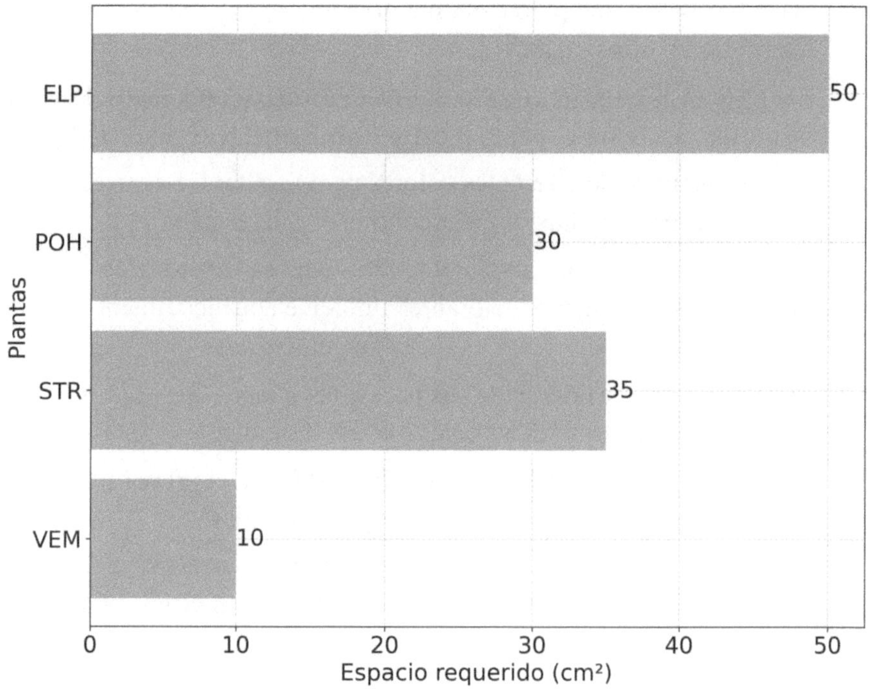

ELP: Eleocharis parvula

POH: Pogostemon helferi

STR: Staurogyne repens

VEM: Vesicularia montagnei

El diagrama de barras visualiza el espacio requerido para diferentes plantas de fondo. Eleocharis parvula necesita, con diferencia, el menor espacio y, por lo tanto, es particularmente adecuada para acuarios pequeños. Pogostemon helferi y Staurogyne repens requieren significativamente más área y son adecuadas para nano acuarios más grandes. Vesicularia montagnei requiere la mayor cantidad de espacio y solo debe usarse en tanques más grandes.

Consejos concretos

- Considere la selección de plantas en el primer plano como el diseño de un jardín: combine diferentes alturas y texturas para un aspecto variado.
- Trabaje con la forma de crecimiento natural de las plantas: deje que las cubresuelos de rápido crecimiento conquisten áreas específicas y recórtelas en otros lugares.
- Ponga énfasis en plantas solitarias en el primer plano: una sola planta distintiva puede ser el punto focal y realzar el efecto general.
- Utilice sustratos de diferentes colores para resaltar los colores de las plantas del primer plano y crear contrastes interesantes.
- Elija plantas del primer plano también según su función: los productores de oxígeno mejoran el ambiente acuático, mientras que las especies de raíces fuertes estabilizan el sustrato.
- Piense en las necesidades de sus peces: las plantas con hojas gruesas son más resistentes a las especies que las muerden.
- Cree pequeñas islas de luz y zonas de sombra en el primer plano para poder cultivar diferentes especies de plantas juntas.
- Pruebe colocaciones inusuales: fije plantas de primer plano de pequeño tamaño en piedras o raíces pequeñas para dirigir la mirada.
- Utilice hilos delgados y transparentes para posicionar de manera precisa las plantas flotantes del primer plano y evitar que suban a la superficie.
- Integre pequeñas ramas de forma natural en el primer plano para dar soporte a las plantas y aflojar la estructura del sustrato.

Revisión - 2. Población y selección de especies

La ocupación de su nano-acuario requiere una planificación cuidadosa y una investigación exhaustiva. Comience eligiendo entre un acuario de agua dulce o salada, ya que esto influye significativamente en la selección de animales y plantas. Al elegir las especies, siempre considere el tamaño final de los animales y su comportamiento social. Un acuario sobrepoblado, incluso en formato pequeño, rápidamente conduce a problemas con la calidad del agua y pone en peligro el bienestar de sus habitantes acuáticos. Siga la regla general de "menos es más" y concéntrese en unas pocas especies bien seleccionadas que puedan llevar una vida larga y saludable en su mini-biotopo.

Al planificar la ocupación, tenga en cuenta los diferentes niveles de su acuario. En el primer plano, son adecuados los tapizantes que forman una densa alfombra verde y dirigen la vista hacia las demás plantas. Preste atención aquí a la velocidad de crecimiento y las necesidades de luz de las especies elegidas. En el medio, puede colocar plantas más altas que ofrezcan estructura y escondites. Elija aquí especies con diferentes formas y colores de hojas para crear un aspecto variado. En el fondo, se recomiendan plantas de crecimiento alto que cierren visualmente el espacio y oculten la pared trasera. También aquí debe considerar las necesidades de luz y la velocidad de crecimiento.

La convivencia de peces, camarones y caracoles requiere atención especial. Infórmese sobre la compatibilidad de las especies y asegúrese de que se satisfagan las necesidades de todos los habitantes. Tenga en cuenta que algunas especies de peces pueden comer camarones o caracoles. Proporcione suficientes escondites, como una densa vegetación o almohadillas de musgo, para minimizar el estrés de los animales. La alimentación también debe adaptarse a las necesidades de todos los habitantes. La sobrealimentación conduce a una mayor carga de agua y puede fomentar el crecimiento de algas. Es mejor alimentar varias veces al día con pequeñas porciones que se consuman en pocos minutos.

En el acuario de agua salada, se aplican principios similares. Elija corales que crezcan lentamente y no dominen el espacio limitado demasiado rápido. Preste atención a la colocación de los corales en el acuario y considere sus necesidades de luz y corriente. Al seleccionar los peces, también debe tener en cuenta el tamaño final y el comportamiento social. La calidad del agua es especialmente importante en el acuario de agua salada. Los cambios regulares de agua y el uso de un skimmer eficiente son esenciales para eliminar contaminantes y crear condiciones óptimas para los animales. Evite el contacto de restos de cigarrillos y fuentes de microplásticos con el agua del acuario, ya que pueden poner en peligro la salud de los animales.

Un nano-acuario bien planificado y cuidado puede ser un fascinante biotopo en miniatura y brindarle mucha alegría. Invierta tiempo en la planificación e infórmese a fondo sobre las necesidades de las especies que elija. Con la selección y el cuidado adecuados, creará un ecosistema armonioso en el que sus habitantes acuáticos puedan vivir sanos y felices.

3. Diseño y configuración

¿Alguna vez se ha preguntado cómo un pequeño acuario puede parecer impresionante a pesar de su espacio limitado? El arte de la nano-acuática radica en el uso reflexivo de cada centímetro para crear un fascinante mundo submarino. Mientras que los acuarios grandes a menudo impresionan por su pura magnitud, los mini acuarios despliegan su encanto a través de una planificación precisa y trucos de diseño ingeniosos. Una interacción armoniosa de plantas, decoración y tecnología transforma incluso los más pequeños acuarios en vivos fragmentos de naturaleza. Descubramos juntos cómo puede convertir su nano-acuario en una sensación visual.

3. 1 Conceptos de diseño

Los conceptos de diseño para acuarios nano influyen de manera significativa en el bienestar de los habitantes y la estética del tanque. La selección del diseño adecuado, los materiales y la plantación presenta desafíos específicos para los acuaristas, especialmente en el espacio limitado de un mini tanque. Diferentes enfoques de diseño, desde lo natural hasta lo minimalista, ofrecen diversas posibilidades para crear un ecosistema funcional y visualmente atractivo. Descubra los diferentes conceptos y encuentre la configuración óptima para su acuario nano.

La adecuada disposición de un acuario nano, ya sea naturalista, minimalista o como biotopo, siempre prioriza las necesidades de los habitantes.

Diseño natural

El diseño natural en el nano-acuario se orienta a los hábitats naturales de las especies mantenidas. Intenta reproducir en pequeño los paisajes subacuáticos de ríos, lagos o mares. Esto no solo fomenta el bienestar de los habitantes del acuario, sino que también crea un entorno estéticamente atractivo para el espectador. Un diseño natural tiene en cuenta las necesidades de los animales y plantas e integra elementos como sustrato, piedras, madera y vegetación en una imagen global armoniosa. La elección del sustrato depende de las especies mantenidas y afecta la química del agua. Por ejemplo, los camarones requieren un sustrato diferente al de los peces. Las piedras y la madera no solo sirven como decoración, sino que también ofrecen escondites y lugares de desove. Estructuran el acuario y crean diferentes zonas. La vegetación juega un papel crucial en el oekosystem del acuario. Produce oxígeno, filtra contaminantes y proporciona alimento y refugio a los animales. La iluminación adecuada también es esencial para un crecimiento saludable de las plantas y el mantenimiento adecuado de los habitantes del acuario. Una relación equilibrada entre luz y sombra simula condiciones naturales y previene el crecimiento de algas. El diseño de los espacios habitables debe adaptarse a las necesidades de los residentes para apoyar su independencia y calidad de vida. [s33] Aplicado al nano-acuario, esto significa ajustar la decoración a las necesidades de las especies específicas para proporcionarles un entorno adecuado. A través de la integración de elementos visuales y acústicos, se puede aumentar el bienestar de los habitantes del acuario, entre otras cosas, mediante una suave corriente de agua generada por un filtro adecuado. [s33] Un nano-acuario natural puede así crear un pequeño biotopo en el hogar, que brinda alegría tanto a los animales como al espectador. La cuidadosa selección y disposición de los elementos individuales – entre ellos sustrato, piedras, madera y plantas – genera un ecosistema armonioso y vibrante. La consideración de las

necesidades específicas de los habitantes del acuario es la clave del éxito.

Biotopo [i17]

zona de desove [i18]

Bueno saber

Biotopo

La reproducción de un hábitat natural específico en el nano-acuario, con los parámetros de agua, plantas y animales característicos. Esto permite observar las interacciones naturales de las especies.

Diseño

La disposición de los elementos en el nano-acuario, que satisface tanto las necesidades de los habitantes como los aspectos estéticos. Un diseño bien pensado maximiza el espacio disponible y crea una imagen global armoniosa.

Lugares de desove

Áreas específicas en el acuario que satisfacen las necesidades de los peces u otros organismos acuáticos para la puesta de huevos y la reproducción. Estas áreas pueden ser creadas mediante piedras, cuevas o plantas especiales.

Distribución de elementos naturales en un nanoacuario

Proporción de elementos naturales dentro del diseño de un nanoacuario.

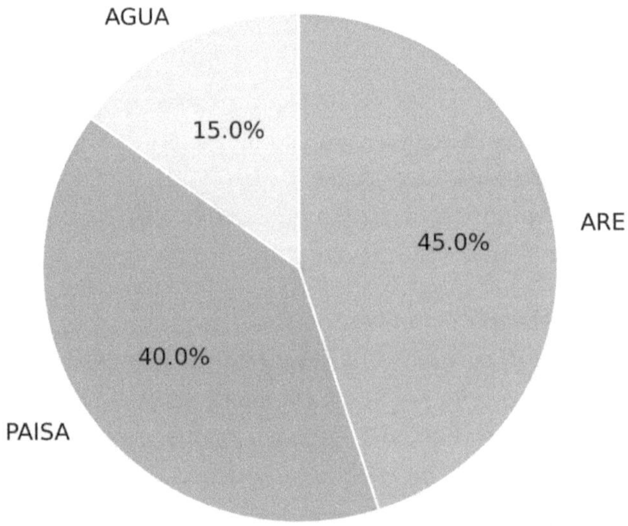

- AGUA: Agua abierta
- ARE: Hardscape (Rocas, Madera flotante)
- PAISA: Plantas

La visualización destaca la importancia de los elementos de hardscape como rocas y madera flotante en la creación de un acuario natural. Si bien las plantas contribuyen significativamente a la estética general y al ecosistema, la proporción sustancial asignada al hardscape enfatiza su papel en la definición del diseño y la provisión de estructura para la vida acuática. El porcentaje menor dedicado al agua abierta permite el movimiento de los peces y el equilibrio visual, evitando que el tanque parezca abarrotado.

Arreglos minimalistas

Los arreglos de acuarios minimalistas se basan en la reducción y la claridad. Menos es más: este principio se refleja en la selección consciente y el uso moderado de elementos decorativos. El objetivo es una imagen subacuática estéticamente atractiva, centrada en lo esencial. Esto no solo beneficia la estética, sino que también simplifica el mantenimiento y ofrece a los habitantes del acuario, a pesar de la decoración reducida, suficiente espacio para nadar y libertad de movimiento. La concentración en unos pocos elementos cuidadosamente seleccionados dirige la atención hacia su forma, color y textura. Una sola piedra prominente o una raíz artísticamente formada puede convertirse en el punto focal y darle un toque individual al acuario. La plantación también sigue el enfoque minimalista. En lugar de una abundante variedad, se utilizan pocas especies de plantas bien coordinadas. Su forma de crecimiento y color subrayan el diseño reducido. Por ejemplo, algunos tallos de una planta de fondo alta en combinación con una pequeña planta de primer plano compacta pueden crear un contraste armonioso. La elección del sustrato también contribuye a la imagen general. Un fondo de arena fina y clara refuerza la impresión de amplitud y limpieza, mientras que la grava oscura forma un contraste natural con las plantas y elementos decorativos. El equipo técnico debe integrarse de la manera más discreta posible. Filtros y calentadores se pueden ocultar detrás de la decoración o en un compartimento de filtro. La iluminación también juega un papel importante. Una entrada de luz dirigida resalta los elementos seleccionados y crea una atmósfera acogedora. Al diseñar un acuario minimalista, la elección de los habitantes del acuario es crucial. Especies de peces más pequeñas y tranquilas o camarones se adaptan bien a este estilo de decoración y subrayan la calma y claridad del arreglo. Un cardumen de pequeños peces plateados brillantes frente a un fondo oscuro puede ser un atractivo fascinante. La reducción a lo esencial requiere una planificación cuidadosa y la selección de los componentes individuales. Cada elemento debe estar armoniosamente coordinado en forma, color y tamaño para crear una imagen total

coherente. El espacio libre en el acuario se utiliza de manera consciente para intensificar el efecto de los pocos elementos seleccionados. Un acuario minimalista ofrece la posibilidad de reducir la belleza del mundo subacuático a lo esencial y crear un entorno estéticamente exigente y fácil de mantener para los habitantes del acuario. Por ejemplo, un Nano-Cube de 20 litros con un fondo de grava oscura, una sola raíz y un pequeño grupo de camarones enanos puede ser un impresionante ejemplo de un Aquascape minimalista. La elegante simplicidad de este arreglo calma la vista y permite que los pequeños habitantes se destaquen óptimamente. El mantenimiento de un acuario así es además relativamente sencillo, ya que se deben limpiar menos elementos decorativos y recortar menos plantas. El control regular de los valores del agua y el uso moderado de fertilizantes garantizan un ecosistema estable y saludable en el que los habitantes del acuario se sienten cómodos. Al limitarse conscientemente a unos pocos elementos, se crea un hábitat bien estructurado y armonioso que beneficia tanto a los animales como al observador. El minimalismo en el acuario es, por lo tanto, más que una tendencia: es una filosofía que armoniza estética, funcionalidad y bienestar animal.

Aquascaping [i19]

Nano Cubo [i20]

Raíz (Acuario) [i21]

Bueno saber

Aquascape

Un Aquascape es el diseño de paisajes subacuáticos en un acuario, donde los aspectos estéticos son primordiales. Combina la acuicultura con el arte del jardín, creando así una obra de arte viva.

Nano-Cube

Un Nano-Cube es un pequeño acuario en forma de cubo que, debido a su tamaño reducido, es especialmente adecuado para arreglos de acuarios minimalistas y para la cría de camarones enanos o pequeñas especies de peces.

Diseño de Nano Acuario: Espacio vs. Decoración

Visualización de paisajismo acuático minimalista.

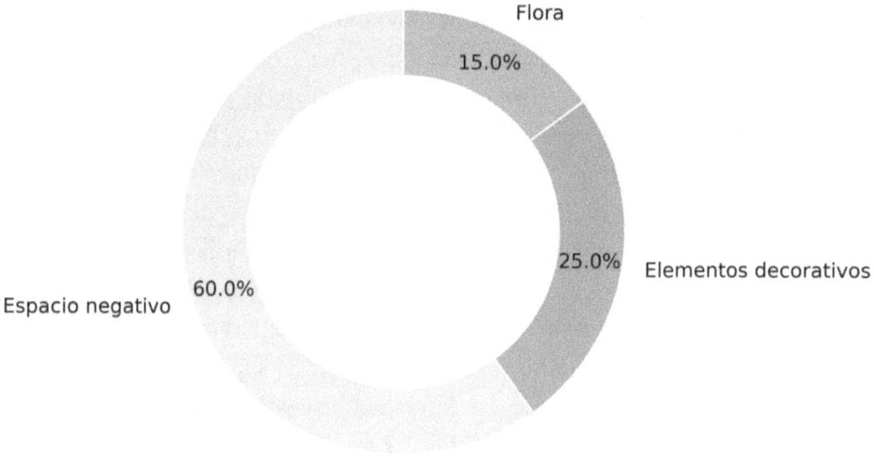

- ELD: Elementos decorativos
- ESN: Espacio negativo
- FLO: Flora

Este gráfico enfatiza el papel significativo del espacio abierto en una configuración minimalista de nano acuario. La gran proporción dedicada al 'Espacio Negativo' subraya el principio de 'menos es más'. Si bien los elementos decorativos y la flora son esenciales, su presencia restringida crea una sensación de tranquilidad y resalta los elementos individuales, lo que permite que la vida acuática y los peces se destaquen. Este equilibrio permite un paisajismo acuático visualmente atractivo sin que parezca desordenado o abrumador.

Diseño de biotopos

El diseño de biotopos en el nano-acuario significa reproducir de manera detallada hábitats nativos o geográficamente limitados. No se trata solo de la reproducción estética de una región específica, sino sobre todo de la creación de un ecosistema funcional en miniatura. Esto requiere un amplio conocimiento sobre las interacciones de los organismos presentes en el biotopo, así como de sus demandas específicas en cuanto a parámetros del agua, iluminación y alimentación. Un biotopo del Amazonas se diferencia fundamentalmente de un biotopo de aguas negras asiático, no solo visualmente, sino también en los parámetros químicos y biológicos. Así, la simulación de un biotopo de aguas negras ácidas requiere, entre otras cosas, el uso de maderas y hojas especiales que liberan ácidos húmicos y reducen el pH. La selección de la flora y fauna también debe estar estrictamente orientada a los modelos naturales. Un acuario sudamericano con peces disco no puede coexistir con camarones asiáticos. Por lo tanto, la investigación precisa de las condiciones naturales es esencial. La disposición espacial y la profundidad de las diferentes estructuras de hábitat influyen en la idoneidad del biotopo, siendo que las aguas más superficiales cerca de manglares presentan mayores valores de idoneidad [s34]. Aplicado al nano-acuario, esto significa considerar las diferentes necesidades de los organismos en su hábitat a través de un diseño específico. Un biotopo denso de pastos marinos ofrece protección a otras especies, a diferencia de un fondo rocoso. También en el nano-acuario se pueden crear diferentes zonas para satisfacer las necesidades de diversas especies. Así, los peces más pequeños pueden encontrar refugio en áreas densamente plantadas, mientras que las especies más grandes requieren espacios abiertos para nadar. El uso de materiales naturales, como piedras, madera y hojas, contribuye a crear un biotopo auténtico. Es importante asegurarse de que los materiales estén libres de contaminantes y no afecten

negativamente los parámetros del agua. La composición química y estructural de los materiales puede cambiar con el tiempo en el acuario [s35]. Por lo tanto, es necesario un control regular de los parámetros del agua y, si es necesario, un cambio parcial de agua para garantizar un ecosistema estable y saludable. Un acuario biotopo bien planificado y ejecutado no solo proporciona un hábitat adecuado para los animales, sino que también es un espectáculo fascinante de la naturaleza para el observador.

Mangles [i22]

Biotopo del Amazonas
La recreación de la selva amazónica en el acuario, con su característico agua suave y ácida, vegetación exuberante y especies de peces específicas como los escalar o los cíclidos enanos.

Biotopo de aguas negras
Un biotopo caracterizado por agua oscura y ácida, que se forma a partir de sustancias húmicas de material vegetal en descomposición. Alberga especies de peces y plantas especializadas adaptadas a estas condiciones.

Biotopo
Un biotopo es un hábitat con ciertas condiciones ambientales (como agua, luz, temperatura) en el que coexisten diversas plantas y animales. En el nano-acuario se intenta recrear un hábitat natural de este tipo.

Estructuras de hábitat
La disposición espacial de elementos en el hábitat que ofrecen a los animales protección, alimento o oportunidades de reproducción, como cuevas, raíces o densos grupos de plantas.

Manglares
Árboles y arbustos que crecen en agua salina en áreas costeras tropicales y subtropicales. Proporcionan un hábitat importante para muchas especies de peces y invertebrados.

Estilos comunes de biotopos de nano acuarios

Distribución típica de elementos de hardscape

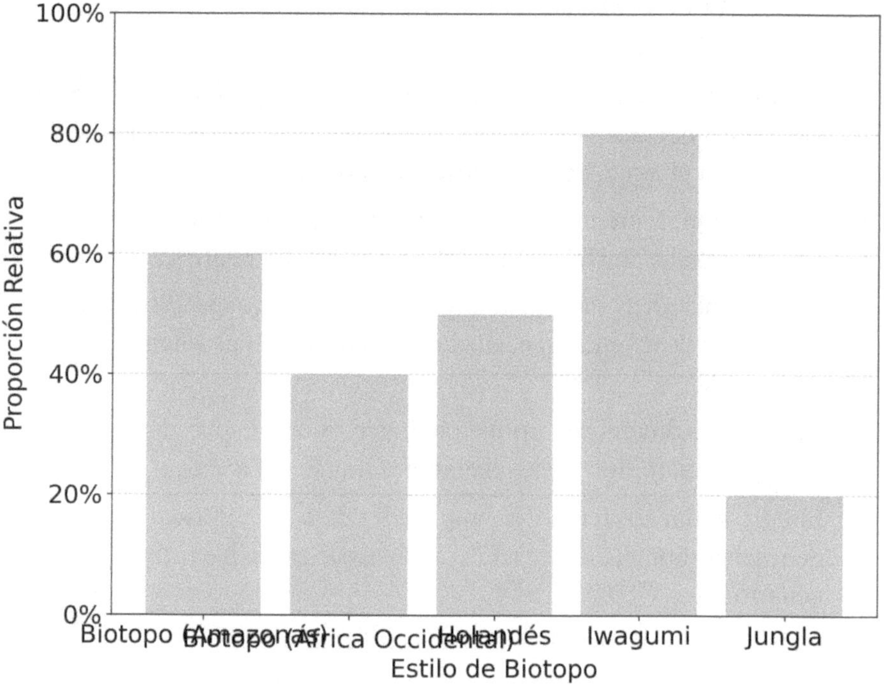

Bio: Biotopo (Amazonas)

Hol: Holandés

Iwa: Iwagumi

Jun: Jungla

El estilo Iwagumi enfatiza una estética minimalista con un enfoque en rocas y espacio abierto. El estilo Jungla, en contraste, prioriza la plantación densa y la madera, creando una apariencia exuberante y cubierta de vegetación. El estilo Holandés muestra una vibrante variedad de plantas dispuestas en terrazas y grupos distintos. El acuario Biotopo busca la replicación precisa de un entorno natural específico, lo que resulta en un hardscape variable según el hábitat elegido.

Consejos concretos

- Desarrolle una paleta de colores propia para su concepto de diseño con un máximo de tres colores principales y aplíquela de manera coherente en la selección de plantas, sustrato y decoración.
- Juegue con la percepción de profundidad: coloque elementos decorativos más altos en el fondo y más bajos en el primer plano para crear la impresión de profundidad espacial.
- Aproveche el reflejo en la superficie del agua: posicione plantas o elementos decorativos especialmente bellos de manera que se reflejen en el agua, destacándose así el doble.
- Trabaje con diferentes texturas: combine piedras lisas con madera rugosa y hojas de plantas finas para generar un contraste interesante.
- Escenifique áreas individuales con iluminación específica: resalte elementos de diseño especiales mediante pequeñas fuentes de luz enfocadas.
- Cree líneas dinámicas: utilice piedras o raíces dispuestas en ángulo para guiar la mirada del espectador a través del acuario.
- Integre hallazgos naturales: una piedra de forma inusual o un trozo de madera flotante desgastada puede darle un toque individual a su acuario.
- Deje espacios vacíos de manera consciente: no cada centímetro del acuario debe estar plantado o decorado. Las áreas vacías crean calma y permiten que los elementos presentes se destaquen mejor.
- Varíe el tamaño de los elementos: combine piedras grandes con pequeños guijarros y plantas grandes con musgo fino para crear una imagen variada.

3. 2 Planificación del espacio

La planificación del espacio en el nanoacuario maximiza el espacio disponible y considera las necesidades de los habitantes. Un diseño bien pensado crea zonas funcionales para nadar, retirarse y comportamientos adecuados, mientras que la estética no se descuida. Sin embargo, errores en la planificación pueden llevar al estrés, enfermedades y una apariencia visualmente desarmoniosa. Descubra cómo estructurar su pequeño cosmos submarino de manera óptima y crear un mini-ecosistema floreciente.

En el nano-acuario, cada centímetro cuenta. Por lo tanto, el diseño de zonas, como áreas de nado y escondites, debe ser planificado estratégicamente para satisfacer las necesidades de los habitantes y al mismo tiempo facilitar el mantenimiento.

División de zonas

La división de zonas en el nano-acuario es multidimensional y considera tanto las necesidades de los habitantes como las exigencias estéticas del observador. En lugar de ver el acuario como un espacio homogéneo, se deben crear diferentes áreas con funciones distintas. Esta zonificación fomenta el comportamiento natural de los habitantes del acuario y facilita el mantenimiento. Las diferentes zonas pueden fusionarse y no es necesario que estén estrictamente separadas. Sin embargo, una estructura clara es útil para crear un ecosistema funcional y visualmente atractivo. [s36] La estructuración de las zonas puede realizarse según su importancia. Así, se pueden delimitar áreas de importancia general, como zonas de nado abiertas, de zonas con importancia moderada, alta o extrema. Las zonas especialmente importantes incluyen, por ejemplo, refugios para animales tímidos o áreas con requisitos especiales para los parámetros del agua. Esta clasificación ayuda a considerar de manera específica las diversas necesidades de los habitantes del acuario y a crear un ambiente equilibrado. En lugar de centrarse únicamente en el diseño visual, este enfoque permite una evaluación más objetiva de las diferentes áreas y su función en el sistema global. [s36] Una densa plantación en un área específica puede servir, entre otras cosas, como refugio para camarones o alevines y al mismo tiempo mejorar la calidad del agua al absorber nutrientes en exceso. La delimitación de las zonas puede realizarse mediante diferentes elementos de diseño. Los elementos de hardscape, como piedras, raíces o cuevas, estructuran el espacio y crean barreras naturales. La plantación también juega un papel decisivo: densos grupos de plantas forman límites visuales y al mismo tiempo ofrecen protección y lugares de escondite. Diferentes tipos de sustrato también pueden utilizarse para delimitar zonas y adaptarse a las necesidades de los habitantes. Por ejemplo, un sustrato de arena fina en el frente puede ser adecuado para animales excavadores, mientras que en el fondo un grava más gruesa apoya la plantación. La zonificación también debe facilitar las tareas de limpieza y mantenimiento. Las zonas de nado abiertas permiten un acceso sin obstáculos para la red y facilitan la succión de mulm.

Mediante una colocación inteligente de la decoración y las plantas, se pueden evitar áreas de difícil acceso. Una división de zonas bien pensada simplifica así el mantenimiento regular y contribuye a largo plazo al éxito del nano-acuario. De manera análoga a la planificación del espacio exterior, donde caminos y áreas verdes se diseñan estratégicamente para optimizar su uso, la zonificación en el acuario sirve para la mejor disposición posible del hábitat para los habitantes acuáticos. [s37] Las diferentes áreas del acuario pueden, similar a un mapeo, dividirse en subáreas para garantizar un diseño y mantenimiento óptimos. Por ejemplo, se pueden delimitar áreas para ciertas especies de plantas o para la fertilización específica.

Aquascaping [i23]

Bueno saber

Hardscape

Los elementos de hardscape, como piedras, raíces y cuevas, dividen el espacio en el nano-acuario y crean diferentes zonas que pueden servir a los habitantes como refugio, lugar de desove o territorio.

Mulm

El mulm es el depósito orgánico en el fondo del nano-acuario, que se forma por restos de alimento, restos de plantas y excreciones de los habitantes. Al planificar la zonificación, se deben considerar áreas que faciliten la eliminación de mulm.

Zonificación

En el nano-acuario, la zonificación ayuda a crear diferentes áreas para las diversas necesidades de los habitantes, como zonas de nado abiertas, refugios densamente plantados o áreas con parámetros de agua especiales. Esto fomenta el comportamiento natural y facilita el mantenimiento.

Zonas del Nano Acuario

Distribución típica de las zonas de un nano acuario.

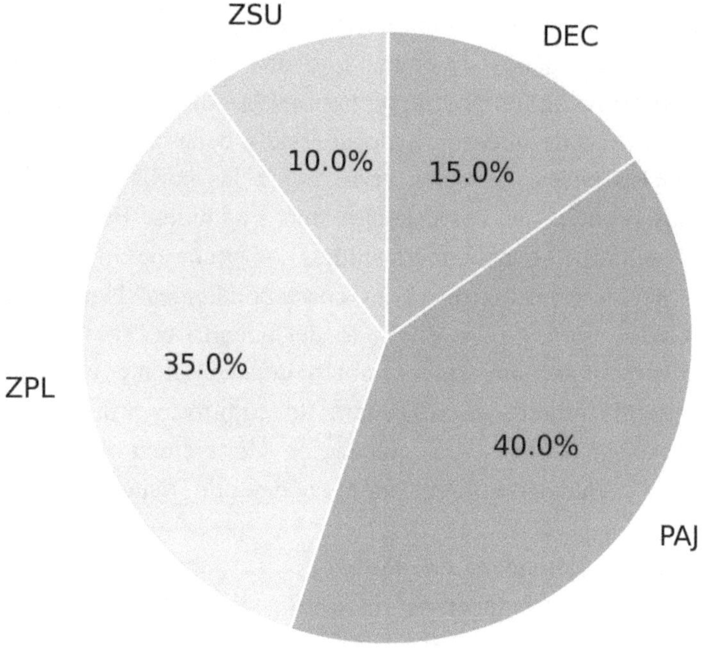

DEC: Decoración

ZPL: Zona de Plantación

PAJ: Aguas Abiertas

ZSU: Sustrato

Este gráfico destaca la importancia de una cuidadosa asignación del espacio en un nano acuario. La parte sustancial dedicada a la zona de 'Aguas Abiertas' permite el movimiento de los peces y el equilibrio estético general. La 'Zona de Plantación' enfatiza el papel de la flora acuática en la oxigenación y el atractivo visual. Aunque más pequeñas, las zonas de 'Decoración' y 'Sustrato' son cruciales para proporcionar refugio, fomentar las bacterias beneficiosas y el diseño general del acuario.

Zonas de nado

Las zonas de nado abiertas en el nano-acuario cumplen una función importante para la salud y el bienestar de los habitantes del acuario. Suficiente espacio para nadar libremente contribuye al comportamiento natural de los peces y previene el estrés. Las condiciones estrechas pueden llevar a agresiones y enfermedades, mientras que una zona de nado generosa fortalece el sistema inmunológico y mejora la calidad de vida de los animales. El tamaño del área de nado necesaria depende de la especie y el tamaño de los peces. Especies vivas como las barbas, por ejemplo, requieren más espacio que las especies más tranquilas. Por lo tanto, al planificar el acuario, se deben considerar la futura besatzdichte y las necesidades de las especies de peces correspondientes. Una abundante plantación en los bordes y en el fondo del acuario no solo crea zonas visualmente atractivas, sino que también deja suficiente espacio libre para nadar en el frente. Así se genera un equilibrio armonioso entre estructura y espacio libre. La colocación de elementos decorativos como piedras y raíces también debe hacerse de manera que no se restrinjan las zonas centrales de nado. A través de la disposición inteligente de los elementos de hardscape, se pueden crear líneas de visión interesantes y perspectivas variadas, sin quitar a los peces el espacio de movimiento necesario. Un área de nado bien estructurada puede incluso influir positivamente en el bienestar del observador. Estudios muestran que observar peces en un acuario puede tener un efecto calmante y reducir el estrés [s38]. Por lo tanto, un acuario diseñado de manera adecuada con suficiente espacio para los peces no solo beneficia a los animales, sino que también promueve el bienestar del cuidador. Un área de nado abierta y bien visible permite además una mejor observación de los peces y facilita el control de su estado de salud. Los cambios en el comportamiento o la apariencia de los animales pueden ser detectados a tiempo y se pueden tomar las medidas adecuadas. Además, un área de nado libre ofrece la oportunidad de estudiar mejor el comportamiento natural de los peces y observar su comportamiento social. La interacción de los peces entre sí y sus patrones de movimiento en el agua ofrecen fascinantes vislumbres en el mundo del nano-acuario. Un acuario demasiado densamente plantado o sobrecargado de decoración, en cambio, dificulta la observación y puede afectar el comportamiento natural de los peces. Por lo tanto, el diseño del área de nado debe ser cuidadosamente planificado y adaptado a las necesidades de las especies de peces correspondientes. Así, el nano-acuario se convierte en un ecosistema vivo y armonioso que brinda alegría tanto a los animales como al observador.

Banco de peces [i24]

Zonas de nado en nano acuarios

Dimensiones ideales de la zona de nado según la longitud del pez.

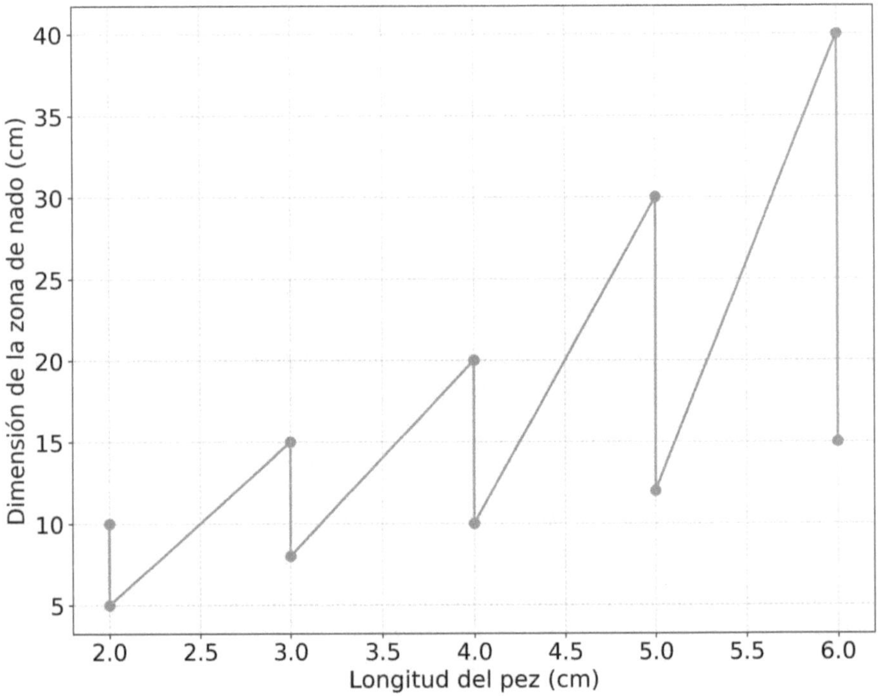

El gráfico muestra la correlación entre la longitud del pez y las dimensiones recomendadas para la zona de nado. Los peces más grandes requieren proporcionalmente más espacio para nadar, tanto en longitud como en profundidad. Esto resalta la importancia de adaptar las dimensiones del tanque a las necesidades específicas de los habitantes para garantizar su bienestar y minimizar el estrés. Un pequeño aumento en la longitud del pez puede requerir una expansión significativa de la zona de nado, especialmente en longitud.

Opciones de escondite

Los lugares de refugio y las opciones de escondite son esenciales para el bienestar de los habitantes del acuario. Proporcionan a los animales protección contra el estrés, sirven para la delimitación del territorio y fomentan el comportamiento natural. Una oferta variada de escondites reduce las agresiones intraespecíficas y ofrece a los animales tímidos o de rango inferior la oportunidad de retirarse y así evitar conflictos. El diseño de estos lugares de refugio debe adaptarse a las necesidades específicas de las especies en cuestión. Así, algunos habitantes del fondo prefieren cuevas y tubos, mientras que otras especies utilizan densos grupos de plantas o raíces colgantes como refugio. Los materiales para las opciones de escondite son diversos. Además de materiales naturales como piedras, raíces y hojas, también son adecuados cuevas artificiales, tubos de arcilla o escondites especiales de cerámica o plástico. Al seleccionar los materiales, se debe prestar atención a la compatibilidad con el agua y la ausencia de sustancias nocivas. Se deben evitar bordes afilados o estructuras puntiagudas para prevenir lesiones a los animales. Un ejemplo de una opción de escondite bien adecuada para camarones o peces pequeños es una cáscara de coco, cuya dura cáscara exterior ofrece protección y cuya parte fibrosa interior sirve como espacio adicional de refugio. La colocación de los escondites en el acuario debe hacerse de manera estratégica. Al distribuir los lugares de refugio en diferentes zonas – en el primer plano, en el plano medio y en el fondo – se utiliza óptimamente todo el hábitat y se tienen en cuenta las diferentes necesidades de los habitantes. Una acumulación de escondites en una sola área puede llevar a peleas territoriales y estrés. La combinación de diferentes tipos de escondites – cuevas, grietas, densa vegetación – también contribuye a enriquecer el hábitat y ofrece a los animales una mayor variedad de opciones de refugio. Así, una raíz colocada cerca de una densa vegetación puede crear un área segura y protegida donde los animales pueden esconderse tanto en la cueva de la raíz como en la maleza de las plantas. El número de escondites debe adaptarse a la besatzdichte y a las necesidades de las especies en cuestión. Una regla general establece que debe haber al menos un escondite por pez, aunque idealmente debería haber más. Especialmente en la cría de peces en grupos o de especies territoriales, es importante contar con una oferta suficiente de lugares de refugio para minimizar conflictos. Al establecer el acuario, es recomendable introducir inicialmente más escondites de los que se necesitarían teóricamente. Así, los animales pueden elegir cuáles prefieren y los escondites no utilizados pueden ser retirados más tarde. Observe el comportamiento de sus habitantes del acuario: ¿utilizan todos los escondites ofrecidos? ¿Hay signos de estrés o agresiones? A partir de estas observaciones, se puede optimizar la cantidad y disposición de los escondites. La limpieza de los escondites debe realizarse regularmente como parte del mantenimiento del acuario. Los depósitos de sedimentos o restos de alimento pueden afectar la calidad del agua y albergar patógenos. Los escondites de materiales naturales como raíces o piedras pueden limpiarse con un cepillo suave. Los escondites artificiales generalmente se pueden quitar fácilmente del acuario y enjuagar bajo agua corriente. Al limpiar, se debe tener cuidado de no dañar las bacterias beneficiosas en el acuario. Por lo tanto, no utilice agua caliente ni productos de limpieza agresivos. Un cambio regular de agua y la aspiración de sedimentos en la zona de los escondites también contribuyen a la limpieza y la higiene en el acuario. Al seleccionar los escondites, preste atención a la facilidad de limpieza para facilitar el mantenimiento. Las superficies lisas son más fáciles de limpiar que los materiales porosos, que retienen más suciedad y depósitos.

Cueva (Acuario) [i25]

Posibilidades de escondite

Número de escondites por tipo

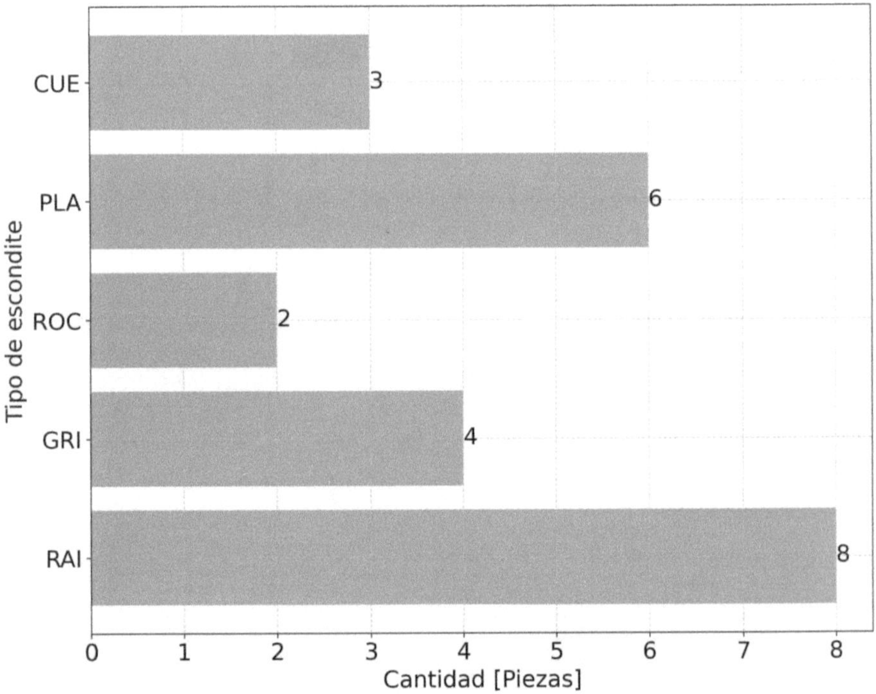

CUE: Cuevas

PLA: Plantas

ROC: Rocas

GRI: Grietas

RAI: Raíces

El diagrama muestra la distribución de las posibilidades de escondite en el nano acuario. Las cuevas y grietas ofrecen la mayor cantidad de opciones, mientras que las raíces y plantas ofrecen menos escondites. Un equilibrio entre los diferentes tipos de escondites promueve el bienestar de los habitantes del acuario.

Consejos concretos

- Desarrolle un biotopo en miniatura en el nanoacuario, orientando los elementos de diseño y los habitantes a un modelo real, por ejemplo, un pequeño arroyo.
- Utilice la Espiral Dorada o la Proporción Áurea como una cuadrícula de diseño para estructurar armónicamente la disposición del hardscape y las plantas.
- Cree un punto de fuga visual en el acuario, alineando la dirección de las líneas y la plantación hacia un punto específico en el fondo.
- Integre escalones de acrílico transparentes y de diferentes alturas para ampliar visualmente el espacio en el nanoacuario y crear nuevas posibilidades de diseño.
- Utilice la luz y la sombra de manera intencionada para resaltar áreas específicas del acuario o para llevarlas deliberadamente al fondo.
- Diseñe un paisaje submarino con cuevas y miradores que ofrezcan a los peces diferentes perspectivas y emocionantes posibilidades de movimiento.
- Varíe la textura del sustrato, creando áreas con arena fina y otras con grava más gruesa, para reflejar la diversidad natural.
- Utilice piedras y raíces no solo como decoración, sino también como elementos funcionales, por ejemplo, como filtros naturales o lugares de desove.
- Incorpore la perspectiva de observación en su planificación: diseñe la parte frontal del acuario con más detalles que el fondo.
- Aproveche el tamaño limitado del nanoacuario como una ventaja y concéntrese en pocos elementos de diseño seleccionados que se destaquen intencionadamente.

3. 3 Efectos visuales

Los efectos ópticos influyen de manera significativa en la percepción de profundidad y en la percepción general de un nanoacuario. La forma, la disposición de la decoración, la refracción de la luz, la dispersión y los contrastes de color juegan un papel crucial en la impresión espacial. Al mismo tiempo, estos factores afectan el bienestar de los habitantes del acuario. Un diseño adecuado no solo permite un mini-biotopo estéticamente atractivo, sino también uno que respete las necesidades de las especies. Descubra cómo, mediante el uso intencionado de principios de diseño óptico, puede presentar su nanoacuario de manera óptima.

En el nano-acuario, la combinación de forma, color, luz y disposición refuerza la sensación de profundidad y afecta el bienestar de los habitantes.

Efecto de profundidad

El efecto de profundidad en el nanoacuario se genera a través de la hábil interacción de diversos factores ópticos. La forma geométrica y la composición del arreglo influyen en los gradientes de transparencia y color, creando así la impresión de profundidad. [s39] Por ejemplo, una piedra colocada en ángulo parece estar más alejada que una de igual tamaño situada paralela al cristal frontal. Por lo tanto, la disposición de los elementos decorativos en el acuario influye significativamente en la profundidad percibida. Además de la forma, la reflexión, la refracción y el color del volumen juegan un papel crucial. [s39] El agua misma refracta la luz y altera la percepción de los objetos detrás de ella. A esto se suma la dispersión de la luz en partículas en suspensión, que reduce los contrastes en el fondo y, por ende, intensifica la impresión de distancia. También el color del sustrato y del fondo utilizado puede influir en el efecto de profundidad: colores más oscuros en el fondo aumentan el efecto de profundidad, mientras que colores más claros lo reducen. La aberración esférica, una desviación de la refracción ideal de la luz, puede influir adicionalmente en el efecto de profundidad. [s40] Aunque este efecto suele ser mínimo en el nanoacuario, puede ser intensificado mediante la elección de lentes en la iluminación del acuario o mediante el uso de elementos ópticos especiales. Una aberración esférica de 0,6 micrómetros puede aumentar el efecto de profundidad en aproximadamente 2 dioptrías. [s40] Esto equivale aproximadamente al efecto de una lupa débil y puede hacer una diferencia notable en la pequeña escala de un nanoacuario. El efecto de sombreado de color también influye en la percepción de profundidad. [s41] Los cambios de color dentro del acuario, por ejemplo, a través de plantas o decoraciones de diferentes colores, pueden aumentar o disminuir el efecto de profundidad. Colores contrastantes en el primer plano y el fondo generan un efecto de profundidad más fuerte, mientras que colores similares reducen la impresión de profundidad. [s41] Es importante que el contraste de color sea lo suficientemente fuerte para lograr el efecto. La coloración específica de las sombras naturales juega un papel secundario en esto. [s41] Un fondo oscuro y rojizo con plantas verde claro en el primer plano, por ejemplo, genera un efecto de profundidad más fuerte que un fondo verde claro con plantas verde oscuro.

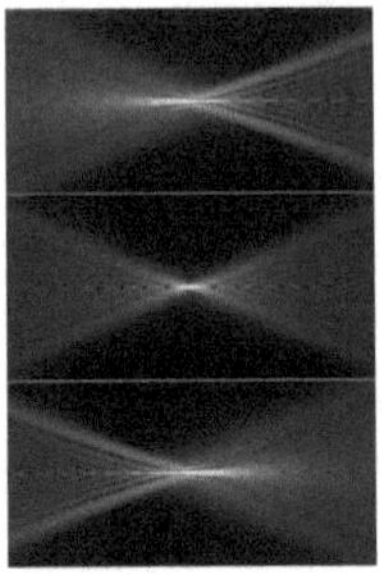

Aberración esférica [i26]

Bueno saber

Aberración esférica

La aberración esférica, un desenfoque causado por la forma de las lentes, puede influir en la percepción de profundidad en el nanoacuario. Al utilizar lentes asféricas en la iluminación, este efecto puede ser minimizado y el efecto de profundidad mejorado.

Dispersión de luz

La dispersión de la luz en partículas en suspensión en el agua influye en la percepción de profundidad en el nanoacuario. Una baja dispersión de luz proporciona agua clara y un mejor efecto de profundidad, mientras que una fuerte dispersión hace que el acuario parezca más plano.

Efecto de sombreado de color

El efecto de sombreado de color describe el cambio en la percepción del color debido a diferentes condiciones de luz y colores en el nanoacuario. Este efecto puede ser utilizado intencionadamente para influir en el efecto de profundidad, utilizando colores más oscuros en el fondo y colores más claros en el primer plano.

Color del volumen

El color intrínseco del agua y de los elementos decorativos influye en el efecto de profundidad en el nanoacuario. Agua clara y sin color hace que el acuario parezca más profundo, mientras que agua teñida puede reducir el efecto de profundidad.

Percepción de profundidad en nano acuarios

Impacto de la profundidad del tanque en el tamaño percibido y el atractivo visual.

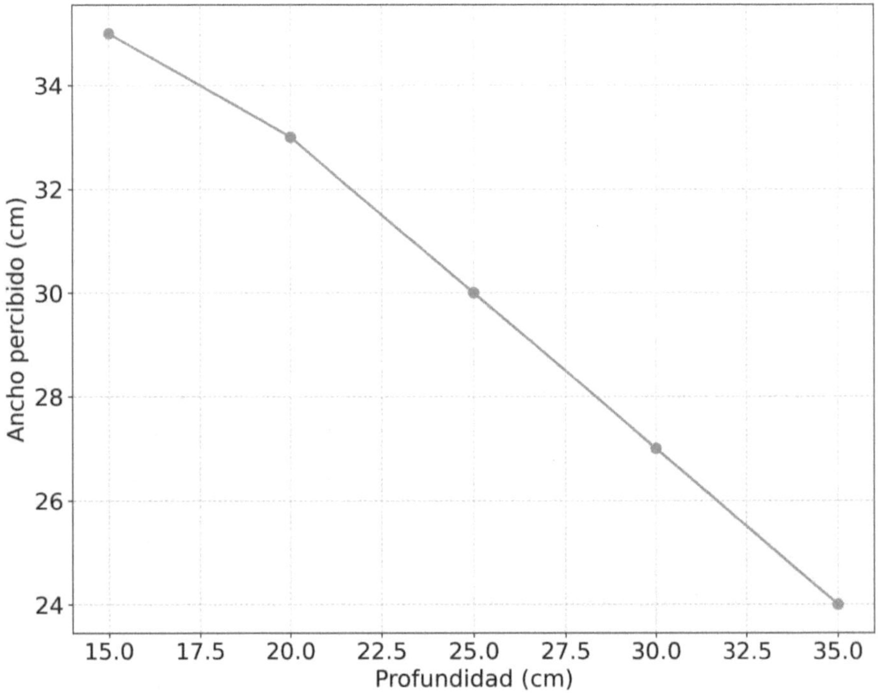

Un tanque menos profundo puede parecer más espacioso y dinámico, mostrando los peces y el paisajismo acuático de manera más efectiva. Si bien los tanques más profundos ofrecen más volumen, el aumento de la profundidad puede disminuir el tamaño percibido desde el ángulo de visión y potencialmente ocultar detalles.

Diseño de color

La coloración en el nano-acuario no solo influye en la estética, sino también en el comportamiento de los habitantes del acuario. La selección y combinación de colores afecta la percepción del espacio y la orientación de los animales. Especialmente en el volumen limitado de un nano-acuario, un diseño de color adecuado puede promover significativamente el bienestar de los habitantes. Por ejemplo, colores brillantes y contrastantes pueden estresar a los peces y afectar su comportamiento natural. Por el contrario, transiciones de color armoniosas y tonos naturales pueden tener un efecto calmante y ayudar a los animales a adaptarse más rápidamente. El uso intencionado de colores también puede influir en la profundidad óptica del acuario. Fondos oscuros y elementos de primer plano claros intensifican la impresión de espacialidad, mientras que un tono uniforme debilita este efecto. Además de la paleta de colores general del acuario, la coloración de elementos individuales también es relevante. El color del sustrato puede influir en la apariencia de los peces. Un sustrato oscuro hace que los peces de colores claros se vean más brillantes, mientras que un sustrato claro tiende a atenuar los colores de los peces. Lo mismo se aplica al fondo y a los elementos decorativos. La elección del color debe adaptarse siempre a las

Decoración [i27]

Pez [i28]

necesidades de la especie de pez en cuestión. Algunas especies prefieren un entorno natural con colores apagados, mientras que otras son atraídas por colores vivos. La presentación simultánea de diferentes colores puede afectar la capacidad de aprendizaje de los peces. Estudios muestran que los peces expuestos a dos estímulos de color diferentes al mismo tiempo tuvieron dificultades más tarde para distinguir estos estímulos. Esto sugiere que una variedad excesiva de colores en el acuario puede dificultar la orientación y el reconocimiento de congéneres o alimento. Por lo tanto, en el nano-acuario se debe prestar atención a un diseño de color equilibrado que satisfaga las necesidades de los peces sin abrumarlos. Una paleta de colores reducida con transiciones armoniosas puede ayudar a minimizar el estrés y promover el bienestar de los animales. Por ejemplo, un acuario con un fondo verde oscuro, sustrato marrón y plantas rojas dispersas puede crear una atmósfera tranquila y natural, sin confundir a los peces con demasiados estímulos de color diferentes. Es recomendable coordinar los colores de la decoración y el sustrato, evitando contrastes fuertes para lograr un efecto general armonioso. A través de la elección y colocación consciente de colores, se pueden crear hábitats estéticamente agradables y apropiados para las especies en el nano-acuario.

Bueno saber

Contraste

Los contrastes surgen de la confrontación de colores claros y oscuros, objetos grandes y pequeños o diferentes texturas. En el nano-acuario, los contrastes utilizados intencionadamente pueden dirigir la atención a áreas específicas y resaltar las formas y colores de los habitantes del acuario. Sin embargo, contrastes demasiado fuertes también pueden generar inquietud y estresar a los animales.

Estética

La estética en el nano-acuario se refiere a la armonía visual y la belleza del arreglo. A través de la cuidadosa selección de colores, formas y materiales, se puede crear una imagen general atractiva que deleite tanto al espectador como a los habitantes del acuario. En el contexto de los efectos ópticos, la estética juega un papel crucial, ya que influye en la percepción del acuario y sus habitantes.

Tonos

Los tonos naturales como el marrón, verde y beige recuerdan los colores de la naturaleza y crean un entorno auténtico en el nano-acuario. Estos tonos tienen un efecto calmante sobre los peces y contribuyen a una imagen general armoniosa.

Paleta de Colores del Nano Acuario

Distribución visual del color en un nano acuario.

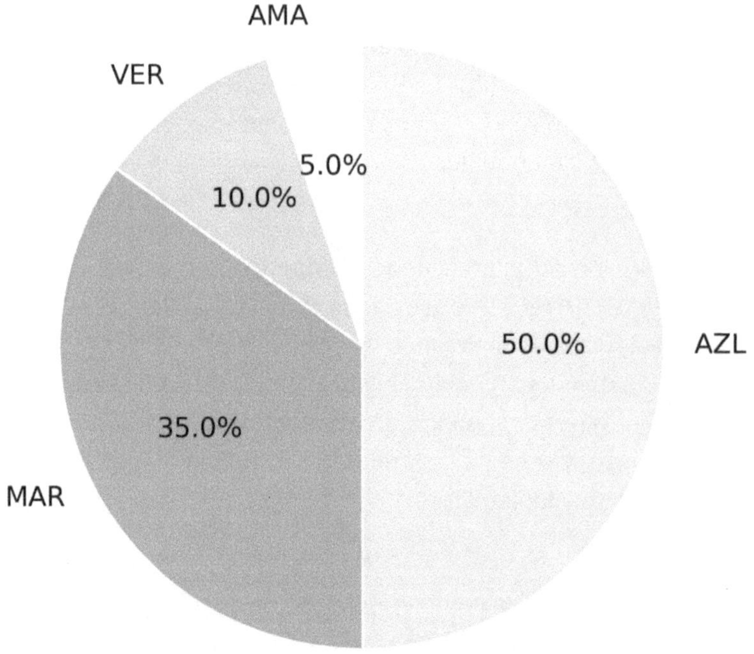

AMA: Amarillo (Acentos)
AZL: Azul (Agua)
MAR: Marrón (Hardscape)
VER: Verde (Plantas)

El verde dominante sugiere un entorno plantado próspero, creando una estética tranquila y natural. El azul resalta la importancia del agua abierta para el movimiento de los peces y contribuye a la sensación general de tranquilidad. La porción marrón más pequeña representa elementos de hardscape, agregando profundidad e interés visual al aquascape, mientras que el amarillo mínimo podría indicar acentos como madera flotante o especies de plantas específicas, contribuyendo a una escena equilibrada y vibrante.

Dirección de la luz

La dirección de la luz en el nano-acuario significa más que solo iluminar el tanque. Configura la percepción visual del hábitat submarino e influye en el bienestar de los habitantes. La absorción de luz en el agua cambia la percepción del color. La luz azul penetra más profundamente que la luz roja, que ya se absorbe en las capas superiores del agua [s42]. Puede aprovechar este efecto ajustando la temperatura de color de la iluminación a las necesidades de sus habitantes y plantas del acuario. Por ejemplo, una iluminación con un mayor componente azul puede ser beneficiosa para peces de aguas profundas o plantas con alta demanda de luz, mientras que una iluminación blanco cálido con componente rojo crea un entorno más natural para peces de aguas más superficiales. La intensidad de la luz no solo afecta el crecimiento de las plantas, sino también el comportamiento y el desarrollo de los peces. Demasiada luz, especialmente en el espectro azul, puede suprimir la producción de melatonina y así alterar el ritmo natural de día y noche de los animales [s42]. Por otro lado, una intensidad de luz demasiado baja puede inhibir el crecimiento de las plantas y disminuir la brillantez de los colores de los peces. Por lo tanto, en el nano-acuario, es esencial un ajuste cuidadoso de la intensidad de la luz, el espectro y la duración de la iluminación. El uso de luces LED regulables permite una adaptación flexible de las condiciones de luz a las necesidades de los habitantes del acuario y ofrece la posibilidad de simular ciclos de luz naturales. Al variar la intensidad de la luz a lo largo del día, puede, por ejemplo, simular el amanecer y el atardecer, recreando así el hábitat natural de los animales. Además de la intensidad y el espectro, la dirección de la luz también juega un papel importante en el diseño óptico del nano-acuario. Una iluminación desde arriba genera una entrada de luz natural y resalta los colores de los peces y las plantas. Una iluminación lateral puede destacar los contornos de la decoración y crear sombras interesantes. Combinando diferentes fuentes y direcciones de luz, se pueden lograr diversos efectos ópticos. Por ejemplo, una combinación de iluminación superior y lateral puede intensificar la sensación de profundidad del acuario y resaltar la estructura tridimensional del diseño. Una iluminación específica de elementos decorativos individuales, como una cueva o una roca, puede destacarlos visualmente y servir como un punto focal en el acuario. La elección de las fuentes de luz influye en la reproducción del color y la apariencia general del acuario. Las luces LED ofrecen alta eficiencia energética y una larga vida útil. Además, permiten un control preciso de la intensidad y el espectro de la luz. Se pueden combinar diferentes colores de LED para generar el espectro de luz deseado. Al seleccionar las fuentes de luz, preste atención al índice de reproducción cromática (CRI), que indica la calidad de la reproducción del color. Un CRI alto asegura colores naturales y vibrantes en el acuario. La dirección de la luz en el nano-acuario es un tema complejo que considera muchos factores. A través del control específico de la intensidad de la luz, el espectro, la dirección y la elección de las fuentes de luz, se pueden lograr impresionantes efectos ópticos y, al mismo tiempo, crear un hábitat adecuado para los habitantes del acuario. La consideración de las necesidades específicas de los animales y las plantas es crucial para un nano-acuario exitoso y estéticamente atractivo. Recuerde que las condiciones de luz en el acuario también pueden influir en la temperatura del agua [s42]. Una iluminación excesiva puede llevar a un calentamiento no deseado del agua. Por lo tanto, asegúrese de una ventilación adecuada y, si es necesario, el uso de un sistema de refrigeración. Un control regular de la temperatura del agua es esencial para garantizar el bienestar de los habitantes del acuario.

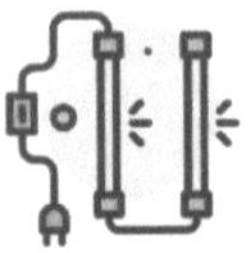

Temperatura de color [i29]

Bueno saber

Absorción

La absorción de luz influye en la percepción del color en el acuario. Diferentes colores se absorben de manera diferente, lo que afecta el diseño del acuario.

Índice de reproducción cromática (CRI)

El índice de reproducción cromática indica cuán fielmente se representan los colores de los peces, plantas y decoraciones en el acuario. Un valor más alto significa una mejor reproducción del color.

Espectro

El espectro de luz influye en el crecimiento de las plantas y la percepción del color de los peces y las plantas. Un espectro equilibrado es importante para un acuario saludable.

Regulable

Las luces LED regulables permiten simular ciclos de luz naturales, como el amanecer y el atardecer, y fomentan el bienestar de los habitantes del acuario.

Melatonina

La melatonina regula el ritmo de sueño-vigilia de los peces. Demasiada luz azul puede interferir con la producción de melatonina.

Temperatura de color

La temperatura de color de la luz influye en la apariencia del acuario y el crecimiento de las plantas. Diferentes temperaturas de color corresponden a diferentes hábitats naturales.

Optimización de la iluminación del nano acuario

Impacto de la intensidad y la dispersión de la luz en los efectos visuales percibidos en los nano acuarios.

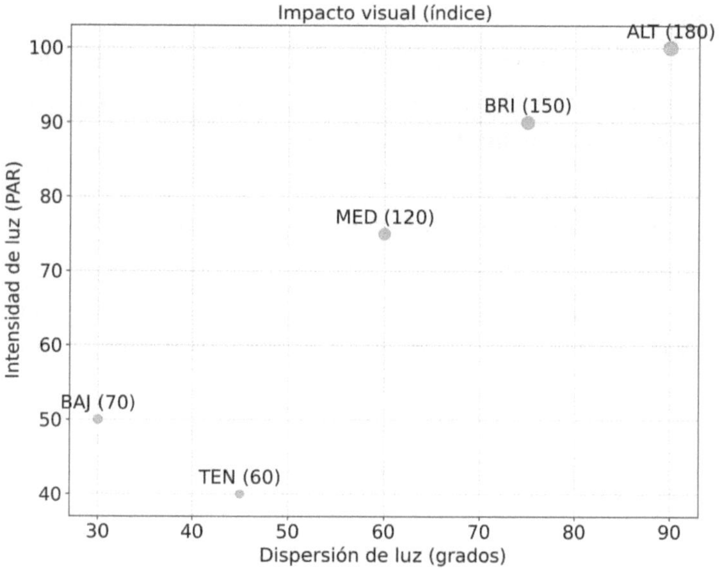

Blasengröße: Impacto visual (índice)

ALT: Luz alta, dispersión amplia

BAJ: Luz baja, dispersión estrecha

BRI: Luz brillante, dispersión enfocada

MED: Luz media, dispersión media

TEN: Luz tenue, dispersión moderada

Las luces de alta intensidad con ángulos de dispersión amplios crean paisajes acuáticos vibrantes y brillantes, ideales para resaltar peces y corales coloridos. Por el contrario, las luces de menor intensidad con dispersiones estrechas producen efectos dramáticos y sombreados, enfatizando la profundidad y creando ambientes tenues. Las intensidades y dispersiones de rango medio ofrecen un equilibrio entre los dos extremos, lo que permite la personalización según la estética deseada.

Consejos concretos

- Experimente con vidrio curvado como parabrisas de su nanoacuario para presentar el mundo submarino como a través de una lupa y aumentar el efecto de profundidad.
- Utilice elementos de vidrio esmerilado de manera estratégica para ocultar áreas del acuario y así crear una impresión de profundidad y misterio.
- Aproveche la refracción de la luz en el agua, dejando que elementos decorativos sobresalgan parcialmente sobre la superficie del agua y así generar fascinantes efectos ópticos.
- Integre pequeños elementos móviles como un ligero móvil o un péndulo en el acuario para atraer miradas y romper la estática de la decoración.
- Juegue con ilusiones ópticas: diseñe una perspectiva artificial utilizando elementos decorativos que disminuyan de tamaño en el fondo.
- Utilice láminas de colores detrás del panel trasero para cambiar el ambiente en el acuario y intensificar los colores de los peces y plantas.
- Proyecte patrones o imágenes en movimiento en el panel trasero del acuario para crear un fondo dinámico y variado.
- Incorpore un pequeño periscopio en la tapa para poder observar el acuario desde una perspectiva inusual.
- Utilice luz polarizada para minimizar los reflejos no deseados en el cristal del acuario y hacer que los colores del mundo submarino aparezcan más brillantes.
- Experimente con colores y materiales fluorescentes para crear acentos que brillen en la oscuridad y generar una atmósfera mística.

Revisión - 3. Diseño y configuración

El diseño de su nanoacuario es más que una simple decoración: es la base para un ecosistema funcional y el bienestar de sus habitantes acuáticos. Desde el primer paso, debe centrar su atención en las necesidades de sus futuros residentes. Piense en qué biotopo desea recrear: ¿una exuberante selva amazónica, un aquascape minimalista de Iwagumi o un biotopo de aguas negras natural? Cada una de estas variantes requiere una selección específica de sustrato, elementos de hardscape como piedras y raíces, así como plantas y, por supuesto, la fauna adecuada. Investigue a fondo los hábitats naturales de sus habitantes deseados y adáptese a sus condiciones. Tenga en cuenta que, incluso a pequeña escala en un nanoacuario, la química del agua juega un papel crucial. La elección del sustrato y de los elementos decorativos puede influir en los parámetros del agua.

El diseño espacial de su nanoacuario debe considerar diferentes zonas. Cree áreas de nado abiertas para sus peces, pero también refugios y escondites, que son especialmente importantes para los animales tímidos o de rango inferior. Densos grupos de plantas, cuevas o raíces colgantes ofrecen protección y reducen el estrés. Al colocar los elementos decorativos, preste atención a un equilibrio entre estructura y espacio libre. Un acuario demasiado denso puede restringir la libertad de movimiento de los peces y dificultar el mantenimiento. Planifique desde el principio áreas que faciliten el acceso para la limpieza y el cambio de agua. También considere la eliminación de sedimentos que se depositan en el fondo.

El efecto de profundidad en el nanoacuario se puede intensificar mediante diversas técnicas. Trabaje con diferentes alturas y niveles, colocando elementos más grandes en el fondo y más pequeños en el primer plano. También la elección de colores juega un papel importante: colores oscuros en el fondo y colores claros en el primer plano crean la impresión de profundidad. Utilice la iluminación para resaltar el diseño espacial. Una iluminación dirigida a elementos individuales puede destacarlos y servir como punto focal. Sin embargo, también debe prestar atención a un equilibrio entre luz y sombra para prevenir el crecimiento de algas y apoyar el ritmo natural de día y noche de sus habitantes acuáticos. La temperatura de color de la iluminación debe adaptarse a las necesidades de sus plantas y peces.

Los desafíos en el diseño de un nanoacuario radican principalmente en el espacio limitado. Cada elemento debe ser cuidadosamente seleccionado y colocado para crear una imagen armoniosa sin sobrecargar el tanque. Experimente con diferentes materiales y diseños, déjese inspirar y no tema ajustar su diseño a lo largo del tiempo. La observación de sus habitantes acuáticos le proporcionará valiosas pistas sobre si se sienten cómodos en su entorno. Un nanoacuario bien diseñado es un fascinante biotopo en miniatura que le brindará a usted y a sus habitantes acuáticos una larga satisfacción. Con un poco de paciencia y creatividad, puede crear un pequeño mundo submarino que será un verdadero atractivo en su hogar.

4. Cuidado y mantenimiento

¿Sabía que un acuario nano, a pesar de su tamaño compacto, requiere una atención especial? Los pequeños mundos acuáticos reaccionan de manera mucho más sensible a los cambios que los acuarios grandes y no perdonan un cuidado descuidado. Un plan de mantenimiento bien pensado crea el equilibrio entre el esfuerzo necesario y el disfrute relajado del hobby. Controles regulares y medidas específicas aseguran el bienestar de los habitantes y la estabilidad del ecosistema en miniatura. En este capítulo, aprenderá cómo cuidar su acuario nano de manera óptima con un mínimo de tiempo.

4. 1 Rutinas diarias

Las rutinas diarias forman la base para un nano-acuario exitoso. La gestión de la alimentación, el control del nivel del agua y la observación visual garantizan la salud de los seres vivos y un ecosistema estable. Sin embargo, una dosificación incorrecta, una observación insuficiente o un cuidado descuidado pueden llevar rápidamente a problemas y alterar el delicado equilibrio. Particularmente en acuarios pequeños de 12 a 35 litros, los habitantes reaccionan de manera sensible a los cambios. Por lo tanto, el cuidado adecuado requiere un enfoque preciso y una comprensión de las complejas interrelaciones en el mini-biotopo. Descubra en este capítulo cómo, a través de rutinas diarias simples pero efectivas, puede crear y mantener un nano-acuario saludable y floreciente.

> *Momentos de observación regulares y breves, idealmente integrados en rutinas diarias como la alimentación, son la clave para la detección temprana de problemas y la salud a largo plazo del nanoacuario.*

Gestión de la alimentación

La gestión de la alimentación en acuarios nano requiere un enfoque sensible para garantizar la salud de los seres vivos y mantener la calidad del agua estable. La cantidad de alimento debe ajustarse con precisión a la población. Los peces jóvenes necesitan alrededor del 4-5% de su peso corporal en alimento, mientras que los animales adultos pueden sobrevivir con un 2% o menos [s43]. Un exceso de alimentación conduce a restos de comida que contaminan el agua y favorecen enfermedades [s43]. De manera similar, una concentración de nitratos demasiado alta en el agua, que puede resultar de un exceso de alimento, puede afectar la reproducción de los peces [s44]. Una guía práctica es ofrecer solo la cantidad de alimento que los peces pueden consumir en 10 minutos [s44]. Para optimizar la ingesta de alimento, se pueden apagar las bombas durante aproximadamente 10 minutos durante la alimentación [s44]. La temperatura del agua influye en la ingesta de alimento de los peces: aumentos moderados de temperatura la favorecen, mientras que temperaturas extremas la inhiben [s45]. También el tipo de alimento juega un papel importante. Una dieta equilibrada con suficiente proteína es esencial para un crecimiento saludable [s43]. Al alimentar con alimento vivo, como artemia, es importante enjuagarlos previamente para eliminar el exceso de sal, ya que este puede ser perjudicial para muchas especies de peces [s44]. La frecuencia de alimentación también influye en el crecimiento y la conversión alimenticia. Porciones más pequeñas y frecuentes pueden reducir el comportamiento agresivo y fomentar el crecimiento [s43]. Así, una alimentación dos veces al día, por la mañana al despertar y por la noche antes de dormir, puede ser una rutina viable [s46]. La observación regular de los peces mientras comen proporciona información sobre su estado de salud y ayuda a ajustar la cantidad de alimento de manera óptima [s47] [s43]. La combinación de alimento seco y vivo asegura una dieta variada [s47].

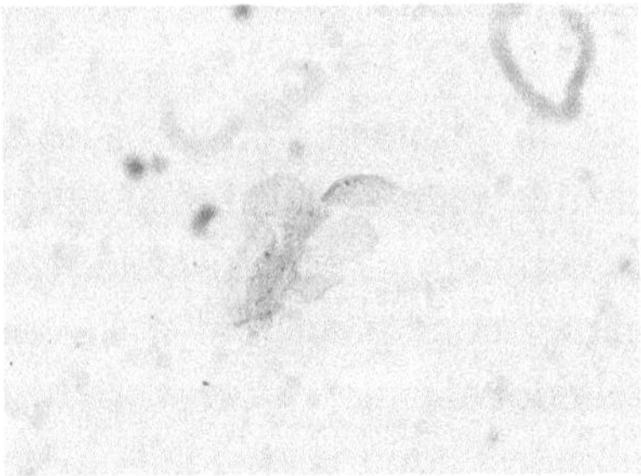

Artemia salina [i30]

Bueno saber

Artemia

Pequeños crustáceos que se utilizan comúnmente como alimento vivo en el acuario nano. Son ricos en proteínas y otros nutrientes, contribuyendo a una dieta variada. Antes de la alimentación, deben enjuagarse bien para eliminar el exceso de sal.

Gestión de la alimentación

Incluye la planificación y ejecución de la alimentación diaria en el acuario nano, teniendo en cuenta la cantidad, tipo y frecuencia del alimento, para garantizar un suministro óptimo de nutrientes a los habitantes del acuario y al mismo tiempo mantener la calidad del agua.

Concentración de nitratos

La cantidad de nitrato en el agua, que se produce por la descomposición de materia orgánica. Niveles de nitrato demasiado altos pueden favorecer el crecimiento de algas y afectar la salud de los peces. Los cambios regulares de agua ayudan a mantener baja la concentración de nitratos en el acuario nano.

Horario de Alimentación del Nano Arrecife

Cantidades de alimentación idealizadas a lo largo del día para un tanque de nano arrecife.

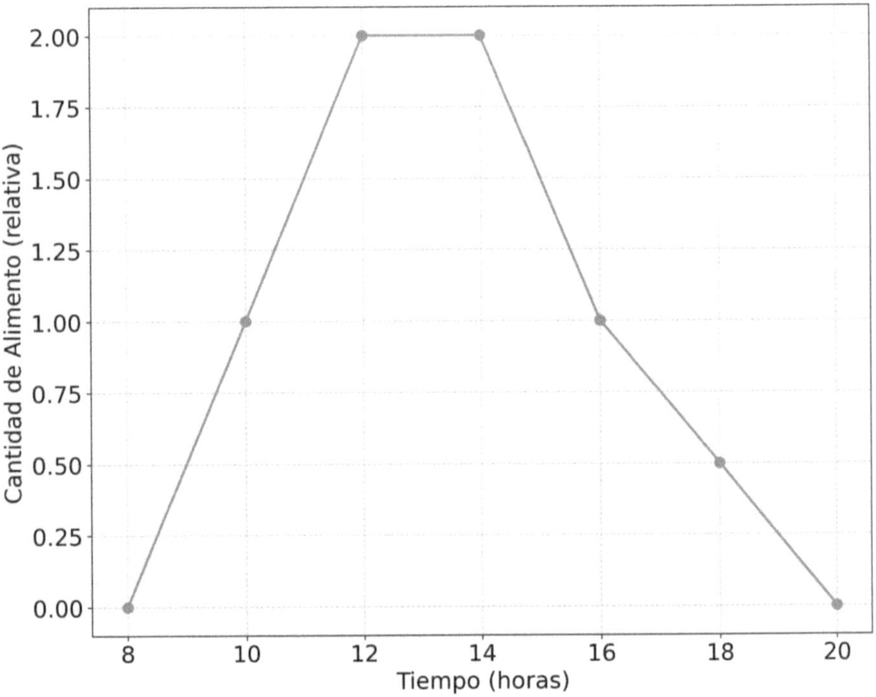

El gráfico ilustra un horario de alimentación recomendado con alimentaciones pequeñas y frecuentes concentradas durante las horas pico de luz. Esto imita los patrones naturales de pastoreo y asegura la absorción óptima de nutrientes por parte de los corales y otros invertebrados, al tiempo que minimiza el desperdicio y la acumulación de nutrientes.

Control del nivel del agua

La observación diaria del nivel del agua en el nano-acuario es esencial para un ecosistema funcional. Las fluctuaciones pueden indicar evaporación, especialmente en habitaciones cálidas o con iluminación intensa. Rellenar regularmente con agua de ósmosis o agua destilada – agua del grifo es inadecuado debido a los minerales que contiene – compensa la pérdida y mantiene el volumen de agua constante [s48]. Asegúrese de añadir el agua fresca lentamente y con cuidado para no estresar a los habitantes del acuario ni remover el sustrato del fondo. Por ejemplo, el agua se puede dirigir a través de una pequeña manguera o un cucharón directamente a una decoración o a la pared trasera. Además de la evaporación, la extracción de agua durante la limpieza también puede causar fluctuaciones en el nivel. Un sifón facilita el cambio de agua y al mismo tiempo elimina el lodo y otros depósitos del fondo [s48]. Siempre se debe cambiar solo una parte del agua para no afectar demasiado la cultura bacteriana establecida. El control del nivel del agua está estrechamente relacionado con la supervisión de la calidad del agua. Un pH estable minimiza los cambios de comportamiento en los animales, mientras que los niveles de amoníaco deben mantenerse por debajo de 0,25 ppm para evitar efectos nocivos [s49]. Una circulación continua del agua y una filtración en múltiples etapas apoyan la descomposición de contaminantes. Los sistemas de dosificación automáticos ayudan a mantener constante el pH y la salinidad al añadir productos químicos según sea necesario [s49]. Esto reduce el esfuerzo manual y contribuye a la estabilidad del ambiente del acuario.

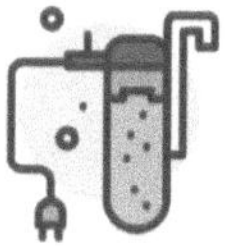

Salinidad [i31]

Bueno saber

agua de ósmosis

Agua pura que ha sido despojada de contaminantes y minerales mediante un proceso especial. Ideal para rellenar el agua evaporada en el nano-acuario, ya que no altera el equilibrio de los valores del agua.

agua del grifo

El agua del grifo a menudo contiene minerales y otras sustancias que pueden alterar el delicado equilibrio en el nano-acuario. Por lo tanto, no es adecuada para el uso regular.

agua destilada

Agua que ha sido purificada mediante evaporación y posterior condensación. Al igual que el agua de ósmosis, está libre de minerales e impurezas, por lo que es adecuada para compensar la pérdida de agua.

salinidad

El contenido de sal en el agua, especialmente importante en acuarios de agua salada. Una salinidad constante es esencial para la supervivencia de los habitantes marinos.

Sistemas de dosificación automáticos

Dispositivos que añaden automáticamente la cantidad correcta de productos químicos, como estabilizadores de pH o minerales, al acuario. Ayudan a mantener constantes los valores del agua.

Tasas de evaporación en nanoacuarios

Pérdida diaria de agua en diferentes configuraciones

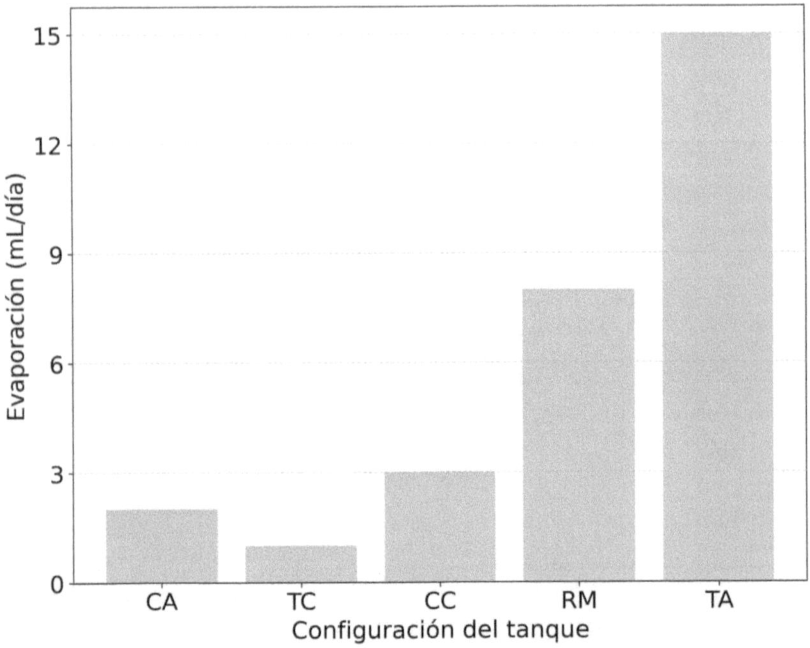

CA: Todo en uno con tapa

RM: Malla protectora

TC: Totalmente cubierto

CC: Tapa de cristal (abertura pequeña)

TA: Tanque abierto

Los tanques abiertos experimentan una evaporación significativamente mayor en comparación con las configuraciones cerradas o parcialmente cubiertas. Los datos resaltan la importancia de considerar el diseño del tanque y las estrategias de cobertura para mantener parámetros de agua estables en los nanoacuarios. Las reposiciones regulares son cruciales, especialmente para sistemas abiertos, para evitar fluctuaciones de salinidad y estrés en los habitantes.

Inspección visual

La visibilidad sin obstrucciones en el nanoacuario es esencial para observar a los habitantes y evaluar el estado general. Las turbiedades pueden tener diversas causas, como floraciones de algas o un aumento en la concentración de bacterias, lo que indica una carga en el agua. [s50] Una revisión regular a través de los paneles del acuario permite detectar tales cambios a tiempo y tomar medidas correctivas. Por ejemplo, una ligera turbidez verdosa puede indicar un inicio de floración de algas, que puede controlarse ajustando la duración de la iluminación o utilizando comedores de algas. También los paneles del acuario pueden verse afectados por el crecimiento de algas o depósitos de cal, lo que afecta la visibilidad. Una limpieza regular con un raspador o esponja adecuada, como una esponja de acuario sin residuos de detergente, asegura una visión clara y facilita la observación de la vida acuática. La revisión del sistema de filtración también es parte de la inspección visual. [s50] Un filtro obstruido puede reducir la circulación del agua y provocar turbidez. El control y la limpieza regulares del filtro no solo mantienen la calidad del agua, sino que también garantizan una visibilidad óptima. Además de la claridad del agua, el comportamiento de los habitantes del acuario es un indicador importante del bienestar. A través de la visibilidad en el tanque, se pueden detectar cambios de comportamiento, como apatía o patrones de nado

inusuales, más fácilmente. Estas observaciones, combinadas con la alimentación diaria a una hora fija, pueden proporcionar información sobre el estado de salud de los animales y permitir una intervención temprana. [s51] Una revisión regular del acuario, como durante la rutina de alimentación matutina y vespertina, integra la inspección visual sin problemas en la rutina de cuidado y contribuye a la salud general del oekosystems. La combinación de una visión clara y horarios de alimentación predecibles no solo permite una observación óptima de los animales, sino que también promueve el bienestar de los habitantes del acuario al crear un entorno estable y predecible. [s51] Al integrar estas observaciones en la rutina diaria, el cuidado de la acuarística se vuelve más eficiente y se minimiza la probabilidad de problemas.

Esponja para acuario [i32]

Bueno saber

Concentración de bacterias

Una alta concentración de bacterias en el nanoacuario puede causar turbidez y problemas de olor. Puede surgir por restos de alimento, plantas muertas o filtración insuficiente.

Depósitos de cal

Los depósitos de cal en los paneles del nanoacuario se producen por agua dura y pueden afectar la visibilidad. Se pueden eliminar con un raspador o productos de limpieza especiales.

Revisiones diarias del nano acuario

Distribución de las tareas diarias de mantenimiento del nano acuario.

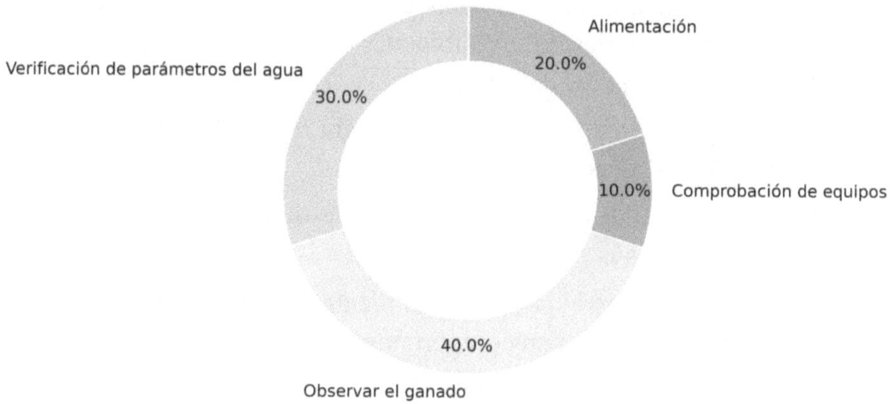

ALI: Alimentación

COE: Comprobación de equipos (filtro, luces, calentador)

OGA: Observar el ganado (salud/comportamiento)

VPA: Verificación de parámetros del agua (visual/prueba)

La mayor parte del mantenimiento diario se centra en la observación de la salud y el comportamiento de los animales. Las comprobaciones periódicas de los parámetros del agua son cruciales, ya que indican la estabilidad general del acuario. Las comprobaciones de los equipos garantizan su correcto funcionamiento y previenen posibles problemas. Aunque menos frecuente que otras tareas, la alimentación sigue siendo esencial para el bienestar de los animales. Esta distribución pone de relieve la importancia de la observación proactiva y la supervisión constante para mantener un entorno próspero en el nano acuario.

Consejos concretos

- Establezca un día fijo de la semana para limpiar el filtro de su nanoacuario.
- Desarrolle un sistema de rotación para sus elementos decorativos, para darle al acuario un nuevo aspecto regularmente y evitar el aburrimiento en los habitantes.
- Lleve un pequeño cuaderno o una tabla digital para documentar las observaciones diarias de sus habitantes del acuario, las cantidades de alimento y los valores del agua.
- Aproveche el tiempo de alimentación para revisar las plantas en busca de hojas muertas y retirarlas.
- Revise el estado de las mangueras y juntas durante el cambio de agua y cámbielas si es necesario.
- Varíe mínimamente el horario de alimentación para ofrecer variedad a los peces y estimular su comportamiento natural de caza.
- Coloque una pequeña lupa junto al acuario para poder observar a los peces y otros pequeños seres vivos más de cerca.
- Cree una pequeña biblioteca con libros de identificación de plantas y animales de acuario para ampliar constantemente su conocimiento.
- Reserve cinco minutos al día para contemplar su nanoacuario en calma y disfrutar de la belleza de este pequeño ecosistema.
- Integre el cuidado del nanoacuario en su rutina matutina o vespertina para asegurar un mantenimiento regular y mantener el esfuerzo al mínimo.
- Recompénsese después de cuidar el acuario con una taza de té o café y la vista de su nanoacuario bien cuidado.
- Utilice el tiempo de cuidado del acuario para ordenar sus pensamientos y desconectar de la rutina diaria.

4. 2 Tareas semanales

Las tareas semanales aseguran la estabilidad y salud de su nanoacuario. Los cambios de agua, la limpieza del filtro y el cuidado de las plantas previenen problemas causados por la acumulación de contaminantes, fluctuaciones en los parámetros del agua y el crecimiento de algas. Estas rutinas influyen de manera significativa en los ciclos de nutrientes, las culturas bacterianas y el bienestar de los habitantes del acuario. La correcta ejecución de cada tarea es crucial para un mini-ecosistema próspero. Diferentes tipos de filtros y especies de plantas requieren enfoques específicos que deben adaptarse a las condiciones individuales del acuario. La densidad de población, los hábitos de alimentación y el sustrato utilizado juegan un papel importante. Descubra en este capítulo cómo llevar a cabo las tareas semanales de manera efectiva y así garantizar un nanoacuario saludable y atractivo.

Los cambios parciales de agua regulares, combinados con el cuidado del filtro y las plantas, son la base para un acuario nano estable y saludable.

Cambio de agua

Los cambios de agua son esenciales en el nanoacuario para mantener un oekosystem estable y saludable. Sirven para eliminar contaminantes y aportar minerales importantes. Los cambios de agua semanales ayudan a mantener la calidad del agua constante y previenen problemas que pueden surgir por fluctuaciones en los parámetros. Un nanoacuario de 10 litros, por ejemplo, se beneficia de un cambio de agua semanal del 20-30%, es decir, de 2-3 litros. En este proceso, se extrae agua vieja del acuario y se reemplaza por agua fresca, temperada y debidamente tratada. La cantidad y frecuencia del cambio de agua dependen de varios factores, incluyendo la densidad de población, los hábitos de alimentación y la eficiencia de la filtración. Antes de cada cambio de agua, es recomendable medir los parámetros del agua. Así, se pueden registrar los valores actuales de, por ejemplo, nitrato, nitrito, phwert y GH (dureza total) y seguir la evolución en el acuario. A partir de las mediciones, se puede evaluar el éxito de la estrategia de cambio de agua y ajustarla si es necesario. Un aumento en el valor de nitrato puede indicar un cambio de agua insuficiente o sobrealimentación, lo que requiere un ajuste en la rutina. También el sustrato utilizado puede influir en la química del agua. Así, ciertos tipos de sustrato pueden afectar la dureza del agua o retener fosfatos, lo que debe tenerse en cuenta al elegir la cantidad de agua a cambiar y el tratamiento del agua de cambio. La realización cuidadosa del cambio de agua es crucial. Al succionar el agua vieja, se presenta la oportunidad de limpiar el sustrato de sedimentos y restos de plantas muertas. Esto previene la acumulación excesiva de materia orgánica, que puede llevar a una carga del ecosistema y al crecimiento indeseado de algas. El agua fresca debe ser vertida lentamente y con cuidado en el acuario para no estresar a los habitantes y no alterar abruptamente la química del agua. El uso de un sifón facilita la succión del agua y la limpieza del sustrato. Al combinar el cambio de agua con la limpieza

simultánea del sustrato, se controla eficazmente la acumulación de ammoniak y nitrato, ambos productos de desecho de los habitantes del acuario. La supervisión y ajuste regular de la rutina de cambios de agua, basada en los parámetros medidos y la observación del acuario, es clave para un nanoacuario próspero.

Recomendaciones semanales de cambio de agua para nanoacuarios (12-35L)

Distribución ideal del cambio de agua semanal para nanoacuarios.

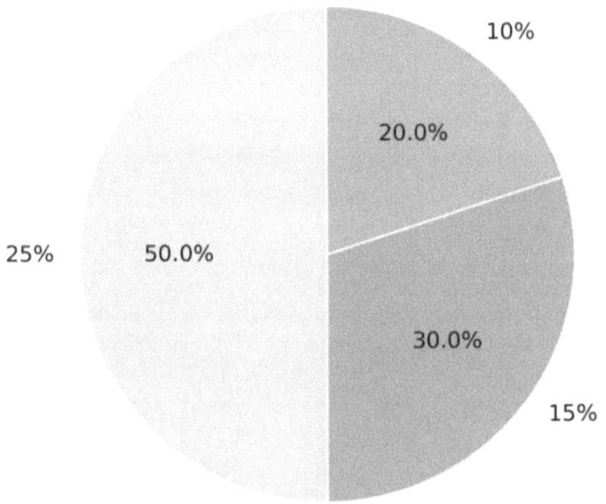

- 10%: Cambio de agua del 10%
- 15%: Cambio de agua del 15%
- 25%: Cambio de agua del 25%

Generalmente, se recomienda un cambio de agua semanal del 10-25% para los nanoacuarios a fin de mantener una calidad de agua óptima. Si bien el 10% ofrece un enfoque mínimo, aumentar al 15% proporciona un margen de error más seguro, especialmente para principiantes. Un cambio del 25% ofrece beneficios más significativos en el control y la estabilidad de los nutrientes, pero requiere una supervisión más estrecha de los parámetros. Generalmente, no se recomiendan cambios mayores (25%+) semanalmente, ya que pueden desestabilizar el delicado ecosistema de un nanoacuario.

Limpieza del filtro

La limpieza del filtro es tan importante para un nano-acuario saludable como el cambio regular de agua. Un filtro limpio asegura agua clara y apoya la filtración biológica, que descompone sustancias nocivas como ammoniak y nitrito. [s52] Diferentes tipos de filtros requieren diferentes intervalos y métodos de limpieza. Mientras que los filtros de esponja deben limpiarse semanalmente con agua corriente, idealmente con agua de acuario reposada, para no destruir completamente las culturas de bacterias beneficiosas, otros tipos de filtros, como los filtros externos, requieren una limpieza menos frecuente, aproximadamente cada 2-3 meses. En los filtros externos, generalmente se limpian o reemplazan los medios filtrantes individuales, como esponjas filtrantes o tubos de cerámica, de manera escalonada. Así, la cultura bacteriana se mantiene en gran medida intacta a pesar de la limpieza. Un filtro obstruido reduce el rendimiento del filtro y puede llevar a un deterioro de la calidad del agua. La intensidad de la limpieza debe adaptarse a las condiciones individuales del acuario. Un tanque muy poblado con muchos peces, por ejemplo, requiere limpiezas de filtro más frecuentes que un acuario poco poblado con principalmente plantas. Observe el flujo de agua del filtro: un rendimiento decreciente indica la necesidad de limpieza.

Filtro de esponja [i33]

Bueno saber

Filtros de esponja

Los filtros de esponja son simples y adecuados para nano-acuarios. Ofrecen una gran superficie para bacterias beneficiosas y deben limpiarse semanalmente con agua de acuario.

Tuberías de cerámica

Las tuberías de cerámica ofrecen una superficie porosa para el asentamiento de bacterias beneficiosas, que son responsables de la descomposición de contaminantes en el agua.

Programa de limpieza de medios filtrantes para nano acuarios

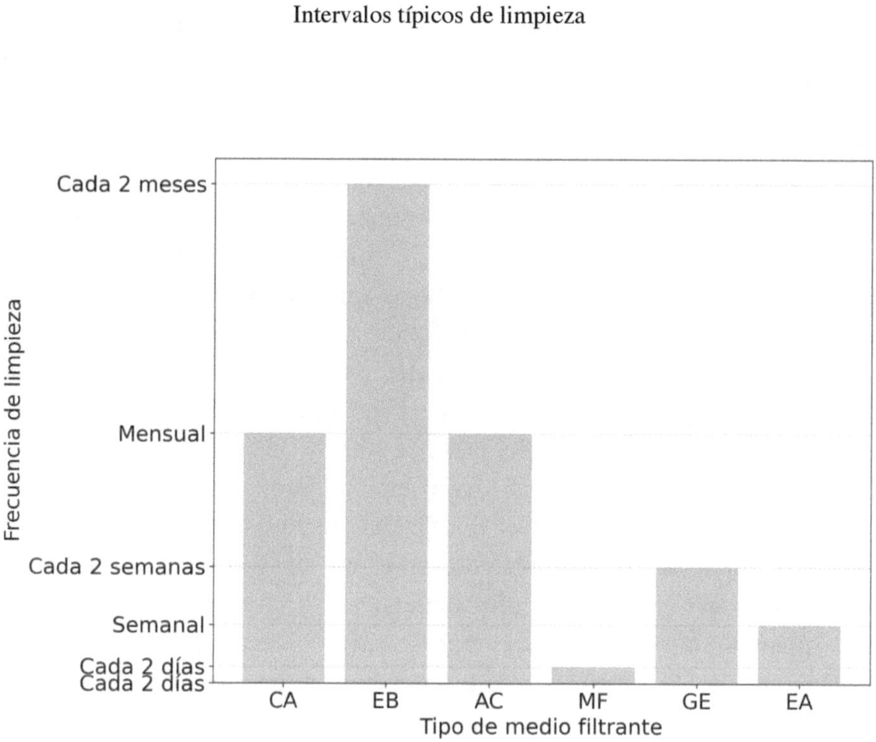

AC: Carbón activado (reemplazar)

EA: Esponja (fina)

GE: Esponja (gruesa)

CA: Anillos de cerámica

EB: Bolas/pellets bio

MF: Fibra filtrante

Este gráfico visualiza un programa de limpieza recomendado para varios tipos de medios filtrantes en un nano acuario. Se sugiere una limpieza más frecuente para medios más finos como la fibra filtrante debido a una obstrucción más rápida. Una limpieza menos frecuente es aceptable para medios más gruesos y filtración biológica, lo que permite que se establezcan y prosperen colonias de bacterias beneficiosas. Ajustar el programa en función de las condiciones individuales del tanque, como la carga biológica y los parámetros del agua, es crucial para la salud óptima del acuario.

Cuidado de las plantas

El cuidado de las plantas acuáticas contribuye significativamente a la estabilidad y estética de cualquier nano-acuario. Las plantas saludables consumen nutrientes como nitrate y phosphate, que de otro modo podrían fomentar el crecimiento de algas. Producen oxígeno y ofrecen refugios para los habitantes del acuario. Un recorte regular promueve un crecimiento vigoroso y evita que las especies de rápido crecimiento cubran otras plantas o la vista del acuario. Las hojas muertas o en proceso de morir deben ser eliminadas de inmediato para no afectar la calidad del agua. Algunas especies requieren nutrientes adicionales a través de una fertilización líquida o sustratos especiales. La selección de las plantas debe adaptarse a las condiciones de luz y al tamaño del acuario. Plantas de primer plano de bajo crecimiento, como la Eleocharis parvula, son adecuadas para el diseño del sustrato, mientras que plantas de tallo más altas pueden colocarse en el fondo. Las bolas de fertilizante, que se colocan directamente en las raíces, proporcionan a las plantas nutrientes importantes sin sobrecargar el agua. Al seleccionar el fertilizante, preste atención a las necesidades de sus plantas y evite la sobre-fertilización, que puede llevar a problemas de algas. La duración e intensidad de la iluminación también son cruciales para el crecimiento de las plantas. Muy poca luz resulta en un crecimiento atrofiado, mientras que demasiada luz puede favorecer el crecimiento de algas. Un temporizador ayuda a mantener constantes los tiempos de iluminación y simula el ritmo natural día-noche. Observe sus plantas regularmente para detectar cambios en su apariencia y crecimiento. Hojas descoloridas o un crecimiento lento pueden indicar deficiencias de nutrientes u otros problemas. Un control regular de los wasserparameter, especialmente de los niveles de nitrato y fosfato, ayuda a optimizar el suministro de nutrientes de las plantas y prevenir el crecimiento de algas. Medidas específicas, como un cambio de agua semanal de aproximadamente el 30% y el uso de fertilizantes adecuados, pueden fomentar el crecimiento de sus plantas acuáticas y crear un nano-acuario saludable y atractivo. La propagación de muchas plantas acuáticas se realiza a través de esquejes o brotes laterales. Estos pueden ser cuidadosamente separados y replantados. Así se puede ampliar el stock de plantas en el acuario sin necesidad de comprar nuevas. Al plantar, asegúrese de no dañar las raíces y de dar a las plantas suficiente espacio para crecer. Algunas especies, como la Vallisneria, forman auslaeufer, a través de los cuales pueden expandirse rápidamente en el acuario. Estos estolones también pueden ser separados y replantados. Al diseñar el acuario con plantas, se pueden combinar diferentes especies para crear un paisaje submarino variado y natural. Tenga en cuenta las diferentes velocidades de crecimiento y tamaños de las plantas para lograr una imagen general armoniosa. Un nano-acuario bien plantado no solo ofrece una vista agradable, sino que también contribuye al bienestar de los habitantes del acuario y crea un ecosistema estable.

Brotes laterales [i34]

estolón [i35]

Parámetros del agua [i36]

Bueno saber

Brotes laterales

Los brotes laterales son una forma de reproducción vegetativa en las plantas acuáticas, similar a los esquejes. Pueden ser separados y replantados.

Fertilización líquida

Los fertilizantes líquidos proporcionan a las plantas acuáticas nutrientes importantes que absorben a través de la columna de agua. La dosificación debe ajustarse a las necesidades de las plantas y al tamaño del acuario para evitar la sobre-fertilización.

Cuidado de las plantas

Tiempo de cuidado semanal

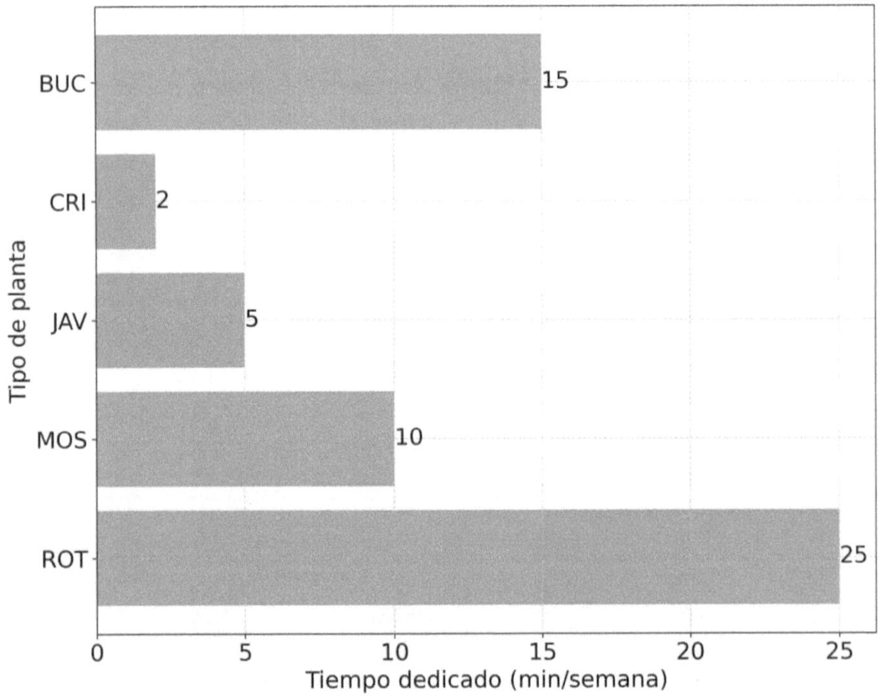

BUC: Bucephalandra

CRI: Cryptocoryne

JAV: Helecho de Java

MOS: Bolas de musgo

ROT: Rotala

El esfuerzo requerido para las especies exigentes como la Bucephalandra es significativamente mayor que para las especies fáciles como el helecho de Java. Los principiantes deberían elegir especies de fácil cuidado.

Consejos concretos

- Utilice agua del grifo reposada para el cambio semanal de agua, que debe preparar y temperar en un recipiente separado.
- Rote sus plantas: replante un tercio de las plantas semanalmente para asegurar un crecimiento uniforme y una apariencia variada.
- Limpie semanalmente una pequeña parte del sustrato de manera intensiva con un aspirador de sedimentos, en lugar de tratar todo el sustrato de una vez.
- Elabore un plan de cuidado semanal con horarios fijos para cambios de agua, limpieza de filtros y cuidado de plantas, para facilitar la rutina.
- Aproveche la limpieza semanal del filtro para revisar las mangueras y conexiones en busca de depósitos y eliminarlos.
- Revise semanalmente el estado de sus plantas con unas pinzas para detectar plagas o enfermedades.
- Desarrolle un sistema para almacenar sus utensilios de cuidado, para tener todo a mano y hacer el mantenimiento semanal de manera eficiente.
- Integre en su rutina semanal la revisión de la iluminación y ajuste la intensidad o duración de la luz según sea necesario.
- Anote semanalmente el estado de sus habitantes del acuario, para detectar cambios a tiempo y poder reaccionar en consecuencia.
- Fotografíe su acuario semanalmente para documentar el desarrollo del crecimiento de las plantas y los cambios en el acuario.
- Reflexione semanalmente sobre el cuidado de su acuario y considere qué aspectos podría optimizar o cambiar.
- Investigue semanalmente nueva información sobre sus plantas y animales de acuario, para ampliar su conocimiento y ajustar su cuidado.

4. 3 Medidas mensuales

Las medidas mensuales aseguran la estabilidad y salud de su nanoacuario. La limpieza, el funcionamiento adecuado de la tecnología y el crecimiento controlado de las plantas son esenciales para el bienestar de los habitantes del acuario. Estas medidas previenen problemas y minimizan riesgos, desde la calidad del agua hasta el peligro de accidentes. Las siguientes secciones detallan los pasos necesarios para el cuidado y mantenimiento mensual, desde la limpieza del acuario y su entorno hasta el control de los componentes técnicos y el crecimiento de las plantas. Optimice las condiciones de vida de sus habitantes del acuario y garantice el éxito a largo plazo de su nanoacuario, con las medidas adecuadas cada mes.

Un entorno limpio y ordenado dentro y alrededor del nanoacuario es esencial para la salud de los seres vivos y el éxito a largo plazo del mini tanque. Esto incluye limpiezas regulares, controles de la tecnología y fechas de caducidad, así como un cuidado adecuado de las plantas y suministro de nutrientes.

Limpieza básica

La limpieza básica de un nanoacuario abarca mucho más que solo el cambio de agua y la limpieza de los cristales. Un entorno limpio alrededor del acuario contribuye significativamente a la salud de los seres vivos en el tanque y previene problemas. Esto incluye, entre otras cosas, la limpieza regular de las superficies en el entorno inmediato del acuario. Los armarios sobre los que se encuentra el acuario, las superficies de almacenamiento para accesorios y la parte superior de la tapa son puntos de acumulación potenciales de polvo, restos de comida y salpicaduras de agua. Estos ofrecen un sustrato ideal para bacterias y mohos, que pueden afectar negativamente la calidad del agua y, por ende, la salud de los habitantes del acuario. Por lo tanto, estas áreas deben limpiarse regularmente con un paño húmedo y un detergente adecuado. [s53] Asegúrese de que el detergente no deje residuos dañinos que puedan entrar en el agua del acuario. Un detergente suave que se enjuague bien con agua clara suele ser suficiente. También se debe prestar atención al orden dentro y alrededor del acuario. El desorden en el área del acuario no solo puede parecer poco estético, sino que también puede dificultar el mantenimiento y aumentar el riesgo de accidentes. Cables sueltos, herramientas esparcidas o armarios desbordados pueden convertirse rápidamente en trampas para tropezar o caer accidentalmente en el agua. Por lo tanto, se recomienda guardar los cables de manera ordenada, almacenar las herramientas en un lugar seguro y limpiar regularmente el entorno del acuario. También debe haber orden en el interior del armario debajo del acuario. Aquí a menudo se almacenan alimentos, acondicionadores de agua y otros utensilios importantes para la acuarística. Un control regular de las fechas de caducidad y la rotación de los suministros – artículos con fechas de caducidad más cortas al frente – evitan costos innecesarios y garantizan la efectividad de los productos. [s53] Los fertilizantes o medicamentos con fecha de caducidad vencida pueden perder su efectividad o, en el peor de los casos, ser dañinos. Además del entorno inmediato del acuario, también se debe limpiar regularmente toda la habitación donde se encuentra el acuario. El polvo y la suciedad del entorno pueden entrar en el agua del acuario a través de corrientes de aire y afectar la calidad del agua. Pasar la aspiradora y limpiar el suelo regularmente, así como quitar el polvo de estanterías y otras superficies, reduce la carga de polvo y contribuye a un ambiente saludable para el acuario. También los textiles como cortinas o alfombras cerca del acuario pueden acumular polvo y otras partículas. Por lo tanto, deben lavarse o limpiarse regularmente. [s53] Un cambio regular del medio filtrante en el filtro del acuario también es parte de la limpieza básica. La frecuencia del cambio depende de la densidad de población y del tipo de filtro. Un filtro sucio puede afectar negativamente la calidad del agua y reducir el rendimiento de la bomba de filtro. Por lo tanto, es importante mantener el filtro regularmente y cambiar el medio filtrante según las indicaciones del fabricante. La limpieza básica también ofrece una buena oportunidad para verificar el estado del inventario del acuario. Mangueras, bombas y otros dispositivos técnicos deben ser revisados por su funcionalidad y, si es necesario, limpiados o reemplazados. Las piezas defectuosas representan un riesgo y pueden llevar a problemas mayores si no se detectan y corrigen a tiempo. Un chequeo regular ayuda a identificar posibles fuentes de peligro y prolongar la vida útil de los dispositivos. Por lo tanto, el control regular del acuario y su entorno es mucho más que una cuestión de estética: es un factor importante para la salud de los habitantes del acuario y el éxito a largo plazo del nanoacuario.

Bueno saber

Detergentes

Para la limpieza del entorno del acuario, solo se deben utilizar detergentes suaves y compatibles con acuarios, para evitar efectos perjudiciales en la calidad del agua y en los habitantes del acuario. Los residuos de detergentes pueden alterar el equilibrio biológico y afectar la salud de los peces, camarones o plantas.

Fechas de caducidad

La verificación de las fechas de caducidad de los alimentos, acondicionadores de agua y medicamentos es importante para asegurar la efectividad de los productos y proteger la salud de los habitantes del acuario. Los productos caducados pueden perder su efectividad o incluso desarrollar sustancias dañinas que pueden perjudicar a los habitantes del acuario.

Medio filtrante

El medio filtrante en el filtro del acuario juega un papel crucial en la purificación del agua. Filtra partículas de suciedad, contaminantes y desechos orgánicos del agua, contribuyendo así a mantener una buena calidad del agua. Un cambio regular del medio filtrante es importante para mantener el rendimiento del filtro y prevenir el crecimiento de bacterias dañinas.

Tiempo de Limpieza Mensual del Nano Acuario

Asignación de tiempo para las tareas mensuales de mantenimiento del nano acuario.

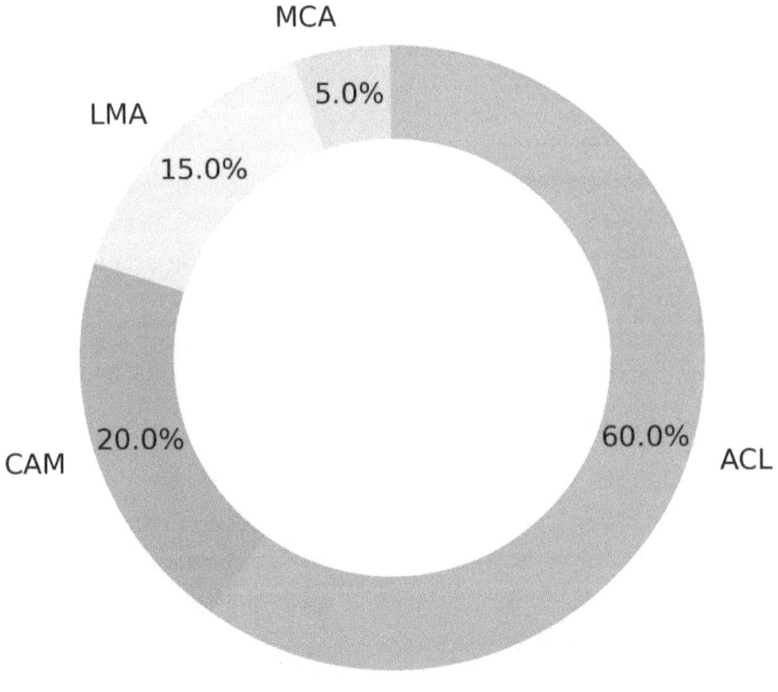

ACL: Cambio de Agua

LMA: Limpieza de Algas

CAM: Mantenimiento del Filtro

MCA: Limpieza del Sustrato

La mayor parte del tiempo de limpieza mensual se dedica a los cambios de agua, lo que enfatiza su importancia para mantener la calidad del agua. Si bien raspar las algas y el mantenimiento del filtro toman menos tiempo, siguen siendo cruciales para un nanoecosistema saludable. La limpieza del sustrato requiere la menor cantidad de tiempo, lo que refleja la eficiencia de un nano acuario bien mantenido.

Revisión técnica

La revisión regular de los componentes técnicos es esencial para un nanoacuario funcional. Esto incluye la verificación de todos los dispositivos conectados al acuario y en su interior. Los filtros, la calefacción, la iluminación y, si es necesario, sistemas de CO2 deben ser revisados para asegurar su correcto funcionamiento. Un filtro con un rendimiento decreciente puede llevar a una degradación de la calidad del agua, mientras que una calefacción defectuosa puede causar fluctuaciones de temperatura que perjudican a los habitantes del acuario. La iluminación también juega un papel importante en el crecimiento de las plantas y el bienestar de los animales. Verifique las lámparas por su luminosidad y cámbielas si es necesario. En los sistemas de CO2, se debe prestar atención a la estanqueidad y a la dosificación correcta. La revisión de los parámetros del agua, como el pH, la temperatura y el contenido de nitratos, también forma parte de la rutina mensual. Las pruebas de tiras o las pruebas de gotas permiten una medición precisa. Mantener los parámetros óptimos del agua contribuye significativamente a la salud de los habitantes del acuario [s54]. Asegúrese de utilizar siempre agua desclorada y de mantener la leitfaehigkeit en el rango de 300 a 1500 µS [s54]. Un vistazo regular a los cables y mangueras de todos los dispositivos técnicos puede detectar daños a tiempo. Las mangueras porosas deben ser reemplazadas de inmediato para evitar fugas. Los dobleces en las mangueras pueden obstaculizar el flujo de agua y afectar el rendimiento de la bomba. También preste atención a las acumulaciones de cal en los elementos calefactores. Estas pueden reducir la capacidad de calefacción y aumentar el consumo de energía. Retire las acumulaciones de cal con cuidado utilizando un cepillo suave. El mantenimiento regular del equipo técnico prolonga su vida útil y minimiza el riesgo de fallos y problemas asociados en el acuario. Un ejemplo: una manguera que gotea en el filtro puede causar una pérdida significativa de agua sin ser

notada. La revisión oportuna y el reemplazo de la manguera pueden evitar este daño.

Depósitos de calcio [i37]

Bueno saber

Prueba de gotas

Las pruebas de gotas permiten una medición precisa de los parámetros del agua en el acuario, añadiendo una cantidad específica de gotas de reactivo al agua del acuario y comparando la reacción de color resultante con una escala de colores. Son más precisas que las pruebas de tiras y proporcionan información más detallada sobre la calidad del agua.

Prueba de tiras

Las pruebas de tiras ofrecen un método rápido y sencillo para verificar los parámetros del agua en el acuario. Las tiras indicadoras se sumergen en el agua del acuario y la reacción de color muestra el valor aproximado de varios parámetros. Son menos precisas que las pruebas de gotas, pero son adecuadas para un control regular.

Mantenimiento de Nano Acuario

Esfuerzo, frecuencia e importancia de las tareas de mantenimiento de un nano acuario.

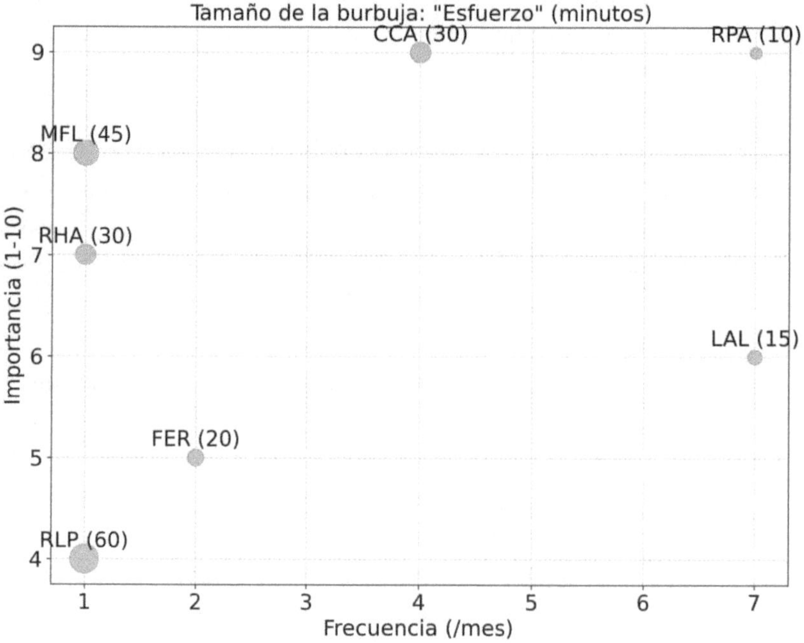

Blasengröße: Esfuerzo (minutos)

CCA: Cambio de Agua

LAL: Limpieza de Algas

RHA: Revisión de Hardware

RPA: Revisar Parámetros

FER: Fertilizar

MFL: Mantenimiento del Filtro

RLP: Redecoración/Limpieza Profunda

Los cambios de agua son muy importantes y frecuentes, lo que exige un esfuerzo moderado. La limpieza de algas es menos importante, pero requiere atención frecuente con poco esfuerzo. El mantenimiento del filtro es crucial, pero menos frecuente, y requiere un esfuerzo moderado. La comprobación de parámetros es vital, frecuente y fácil. Las comprobaciones de hardware son importantes, menos frecuentes y requieren un esfuerzo moderado. Esta visualización ayuda a priorizar las tareas de mantenimiento para un nano acuario saludable.

Control del crecimiento

La regulación del crecimiento en el nano-acuario se centra principalmente en la flora y requiere un enfoque coordinado. Las especies de plantas de rápido crecimiento pueden dominar rápidamente el tanque y privar a otros habitantes, como especies de crecimiento lento o animales de fondo, de luz y nutrientes. Las densas poblaciones también obstaculizan la circulación del agua y pueden llevar a un déficit de oxígeno en ciertas áreas. Por lo tanto, la poda regular de las plantas es esencial para mantener un equilibrio adecuado. Esto no solo implica eliminar los brotes excesivamente largos, sino también aclarar áreas densas para permitir que todas las plantas reciban suficiente luz y acceso a nutrientes. Al igual que en el cuidado del entorno del acuario, donde es sensato rotar los suministros según la fecha de caducidad, los segmentos de plantas sanas que se cortan no deben ser necesariamente desechados. Estos pueden, dependiendo de la especie, ser ofrecidos a otros acuaristas o utilizados para replantar en el propio tanque. Así se generan nuevas plantas robustas y al mismo tiempo se controla el crecimiento excesivo. Los trozos cortados pueden ser colocados directamente en el sustrato o fijados inicialmente a una piedra o raíz antes de encontrar su lugar definitivo en el acuario. El control de la oferta de nutrientes juega un papel crucial en la limitación del crecimiento. Concentraciones demasiado altas de nutrientes, especialmente nitrato y fosfato, fomentan un crecimiento excesivo de las plantas. Los cambios regulares de agua y el uso de sistemas de filtración que eliminan nutrientes en exceso ayudan a mantener el nivel de nutrientes en un rango óptimo. Es recomendable verificar regularmente los valores del agua para detectar desequilibrios a tiempo y tomar las medidas adecuadas. La dosificación de fluessigduengern debe ajustarse a las necesidades reales de las plantas y no hacerse de manera generalizada. Un exceso de fertilización no solo conduce a un aumento del crecimiento de las plantas, sino que también puede favorecer florecimientos de algas y afectar negativamente la calidad del agua. La selección de las especies de plantas adecuadas es otro aspecto importante de la regulación del crecimiento. Las especies de crecimiento lento son más adecuadas para nano-acuarios que las de rápido crecimiento, ya que requieren menos cuidado y mantienen el equilibrio biológico en el pequeño tanque de manera más estable. También es importante considerar el tamaño final de las plantas al hacer la selección. Algunas especies pueden alcanzar un tamaño considerable con el tiempo y llenar rápidamente el espacio limitado en el nano-acuario. La combinación de especies de crecimiento lento con una poda dirigida y un suministro de nutrientes ajustado permite un diseño armonioso y un crecimiento saludable de las plantas en el nano-acuario. El estudio mostró que las medidas dirigidas no provocan un cambio significativo en el tamaño corporal, lo que indica la efectividad de un enfoque controlado. Kasselmann, C. (2010). *Plantas de acuario*. Ulmer Eugen Verlag. Horst, K., & Kipper, H. (2004). *El acuario óptimo*. Gräfe und Unzer.

Circulación del agua

El movimiento del agua en el acuario, generado por bombas, filtros u otros dispositivos. Asegura un intercambio uniforme de oxígeno, nutrientes y temperatura en el tanque y es importante para el bienestar de los habitantes del acuario.

Déficit de oxígeno

Un estado en el que no hay suficiente oxígeno en el agua del acuario para la respiración de los seres vivos. Esto puede ser causado por una plantación demasiado densa, altas temperaturas o una densidad de población demasiado alta, y puede llevar al estrés o la muerte de los habitantes del acuario.

Florecimiento de algas

Una proliferación intensa de algas en el acuario, que puede enturbiar el agua y reducir el contenido de oxígeno. Los florecimientos de algas a menudo son causados por un exceso de nutrientes o luz.

Nutrientes

Sustancias esenciales que las plantas necesitan para crecer y prosperar. En el acuario, estos son principalmente nitrato, fosfato, potasio, hierro y oligoelementos. Un exceso puede llevar al crecimiento de algas, mientras que una deficiencia puede resultar en plantas raquíticas.

Control de Crecimiento de Nano Acuario

Niveles de algas y nitratos a lo largo del tiempo.

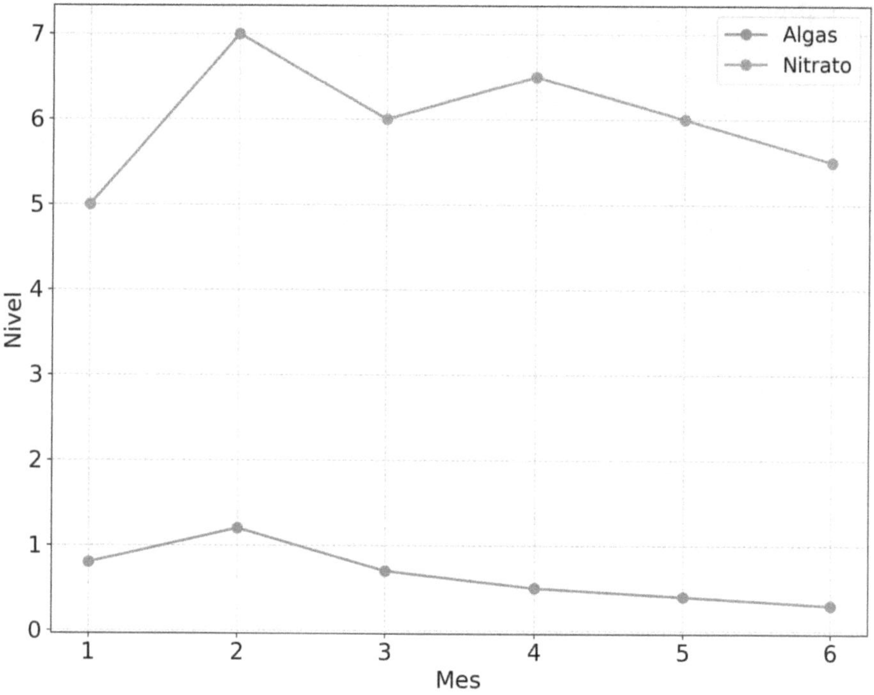

El crecimiento inicial de algas es seguido por una disminución, probablemente debido a las medidas de control implementadas. Los niveles de nitrato muestran un ligero aumento inicial, luego se estabilizan, lo que indica una gestión exitosa de nutrientes dentro del ecosistema del nano acuario.

Consejos concretos

- Cambie mensualmente una parte del sustrato para eliminar nutrientes acumulados y fomentar el crecimiento de nuevas plantas.
- Documente mensualmente el consumo de agua de su acuario para determinar su huella hídrica e identificar oportunidades de ahorro.
- Elabore una lista de verificación mensual para el mantenimiento de todos los equipos técnicos, como filtros, calefacción e iluminación.
- Revise mensualmente el estado de las juntas de silicona del acuario en busca de grietas o fugas y reemplácelas si es necesario.
- Calibre mensualmente los instrumentos de medición, como termómetros o medidores de pH, para asegurar la precisión de las lecturas.
- Desinfecte mensualmente sus utensilios de cuidado, como redes, pinzas y tijeras, para prevenir la propagación de gérmenes y enfermedades.
- Investigue mensualmente nuevos hallazgos científicos sobre acuarística para optimizar sus métodos de cuidado y ampliar su conocimiento.
- Utilice mensualmente un método diferente de tratamiento del agua para observar los efectos en la calidad del agua y encontrar el método óptimo para su acuario.
- Intercambie mensualmente experiencias con otros acuaristas y déjese inspirar por sus consejos y trucos.
- Visite mensualmente una tienda de acuarios diferente o una feria de peces para obtener nuevas inspiraciones para el diseño y la ocupación de su acuario.
- Reflexione mensualmente sobre sus progresos en acuarística y establezca nuevos objetivos para el próximo mes.

Revisión - 4. Cuidado y mantenimiento

El cuidado de un nanoacuario puede parecer sencillo a primera vista, pero el pequeño volumen de agua requiere un enfoque sensible y bien pensado. Un ecosistema miniatura funcional se basa en la interacción de varios factores que usted debe mantener en equilibrio mediante un cuidado y mantenimiento regulares. Esta guía le ofrece recomendaciones prácticas para operar su nanoacuario con éxito y disfrutar de él a largo plazo.

Comencemos con la gestión de la alimentación. La cantidad adecuada de alimento es crucial para no comprometer la calidad del agua y, al mismo tiempo, proporcionar la mejor nutrición a sus peces. Siga la regla general de alimentar solo lo que los animales puedan consumir en unos minutos. Observe detenidamente el comportamiento alimenticio de sus peces; esto le dará valiosas pistas sobre su estado de salud y le ayudará a ajustar la cantidad de alimento de manera individual. Varíe entre alimento seco y vivo, y enjuague el alimento vivo antes de la alimentación para eliminar sustancias no deseadas como la sal. Recuerde que la temperatura del agua influye en la ingesta de alimentos.

El control del nivel del agua es otro aspecto importante del cuidado del nanoacuario. La evaporación, especialmente en habitaciones calefaccionadas, provoca una pérdida constante de agua que debe compensar mediante un llenado regular. Utilice exclusivamente agua de ósmosis o agua destilada, ya que el agua del grifo a menudo contiene minerales no deseados que pueden alterar el delicado equilibrio en el acuario. Aproveche el cambio de agua también para limpiar el sustrato. Un aspirador de sedimentos le ayudará a eliminar lodo y depósitos de manera efectiva, sin necesidad de vaciar todo el acuario. Asegúrese de cambiar solo una parte del agua para no dañar las importantes culturas bacterianas. Revise regularmente los parámetros del agua, como el pH, el amoníaco y los nitratos, para mantener un control sobre la calidad del agua y poder reaccionar a tiempo ante cambios.

La inspección visual regular le proporcionará información sobre el estado general de su acuario. Preste atención a turbidez, crecimiento de algas y el comportamiento de sus peces. Incluso pequeños cambios pueden indicar un desequilibrio. Limpie las paredes del acuario regularmente con una esponja o raspador adecuado para garantizar la visibilidad y controlar el crecimiento de algas. El sistema de filtración también requiere un mantenimiento regular. Un filtro obstruido afecta la circulación del agua y puede llevar a una degradación de la calidad del agua. Por lo tanto, limpie el filtro regularmente y cambie el medio filtrante de acuerdo con las indicaciones del fabricante. Incorpore la inspección visual en su rutina diaria, por ejemplo, durante la alimentación.

El cuidado de las plantas es otro componente importante del mantenimiento del nanoacuario. Las plantas saludables contribuyen a la estabilidad del ecosistema al consumir nutrientes y producir oxígeno. Recorte sus plantas regularmente para evitar un crecimiento excesivo y eliminar partes muertas. Preste atención a las necesidades individuales de sus plantas y fertilice con moderación para prevenir el crecimiento de algas. El control regular de los componentes técnicos como el filtro, la calefacción y la iluminación completa el cuidado.

Aunque el cuidado de un nanoacuario requiere tiempo y atención, con las estrategias adecuadas y una rutina bien planificada, se puede minimizar el esfuerzo. Le recompensará un espléndido mini ecosistema que brindará alegría tanto a usted como a sus habitantes acuáticos durante mucho tiempo.

5. Solución de problemas y prevención

¿Quién no lo conoce? La mirada matutina al acuario revela de repente cambios inesperados. Un acuario nano reacciona de manera especialmente sensible a las perturbaciones del equilibrio biológico debido a su bajo volumen de agua. La clave del éxito radica en la detección temprana de señales de advertencia y en el conocimiento de las medidas correctas a tomar. Este capítulo proporciona las herramientas necesarias para enfrentar con seguridad los desafíos típicos en los minitanques. Lo que a primera vista parece complejo se puede manejar sorprendentemente fácil con un enfoque sistemático.

5. 1 Control de algas

Las algas en el nanoacuario no solo afectan la estética, sino que también ponen en peligro el equilibrio biológico. Un crecimiento descontrolado de algas indica una relación de nutrientes desequilibrada y puede inhibir el crecimiento de plantas acuáticas y poner en riesgo la salud de los habitantes del acuario. La lucha efectiva contra las algas requiere una comprensión de las causas y la aplicación de estrategias adecuadas. Este capítulo aborda medidas preventivas, métodos de control biológico y técnicas de eliminación mecánica. Desde la filtración y la iluminación adecuadas hasta el uso de comedores de algas y tecnologías modernas de ultrasonido, aquí encontrará las herramientas adecuadas para un nanoacuario libre de algas. Descubra cómo prevenir eficazmente los problemas de algas y combatir con éxito las plagas de algas existentes.

La lucha efectiva contra las algas en el acuario nano se basa en la tríada de prevención, control biológico y eliminación mecánica.

Medidas preventivas

Las algas en el nano-acuario son un problema común, pero con las medidas preventivas adecuadas, su crecimiento se puede controlar de manera efectiva. Un acuario limpio es la base para un crecimiento saludable de plantas y animales, y al mismo tiempo minimiza el riesgo de algas. Los cambios parciales de agua, alrededor del 10-20% semanalmente, eliminan nutrientes en exceso y esporas de algas antes de que puedan asentarse. Es importante succionar el agua estancada del sustrato, donde se acumulan sedimentos y nutrientes. La filtración adecuada también juega un papel crucial. Un filtro de tamaño adecuado asegura agua clara y elimina algas en suspensión y desechos orgánicos. Los medios de filtración deben limpiarse o reemplazarse regularmente para garantizar su pleno funcionamiento. Además de la mechanischen_filterung, la filtración biológica también es importante para descomponer el amonio y el nitrito, que sirven como nutrientes para las algas. Una plantación equilibrada compite con las algas por nutrientes y luz. Las plantas de rápido crecimiento consumen nutrientes de manera eficiente y, por lo tanto, inhiben el crecimiento de algas. La duración adecuada de la iluminación también es crucial. Demasiada luz fomenta las algas, mientras que muy poca luz inhibe el crecimiento de las plantas. Un tiempo de iluminación de 8-10 horas al día es suficiente para la mayoría de los nano-acuarios. La alimentación de los habitantes del acuario debe ser moderada. El exceso de alimento se hunde, se descompone y libera nutrientes que fomentan el crecimiento de algas. Alimente solo lo que los animales puedan consumir en unos minutos.

[s55] Al igual que en el gran ecosistema, en el nano-acuario también es esencial evitar la entrada de contaminantes. Aunque las medidas en el acuario doméstico no son directamente comparables a los problemas ambientales globales, el mecanismo subyacente es el mismo. Así como el uso excesivo de fertilizantes en la agricultura puede llevar a floraciones de algas en

lagos [s55], la sobre-fertilización en el acuario también puede favorecer el crecimiento de algas. Por lo tanto, los fertilizantes deben usarse de manera moderada y específica para satisfacer las necesidades de nutrientes de las plantas sin fomentar las algas. Al seleccionar materiales de decoración y sustrato, elija materiales naturales y no tóxicos para evitar la entrada de sustancias no deseadas. El uso de agua del grifo también puede ser problemático si contiene altas concentraciones de fosfato o nitrato. En este caso, el uso de osmosewasser o acondicionadores de agua especiales puede ser útil. Al combinar estas medidas, creará un nano-acuario estable y con pocas algas, donde sus habitantes se sentirán cómodos.

Bueno saber

Algas en suspensión
Algas unicelulares que flotan en el agua y pueden causar una turbidez verde en el agua.

Esporas de algas
Células reproductivas de algas que se dispersan en el agua y pueden formar nuevas algas.

Medios de filtración
Materiales en el filtro que apoyan la purificación del agua al eliminar contaminantes y partículas de suciedad del agua. Diferentes medios de filtración fomentan la filtración mecánica y biológica.

Medidas de Prevención de Algas

Distribución de métodos de prevención de algas en nano acuarios.

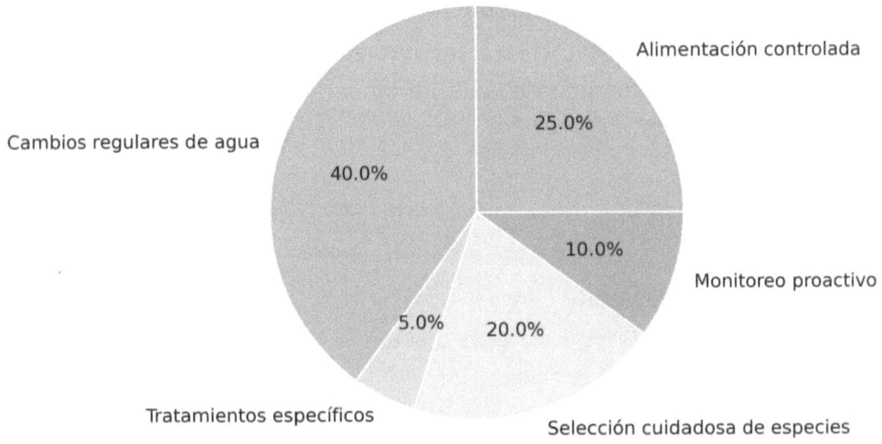

ALI: Alimentación controlada

CAM: Cambios regulares de agua

MON: Monitoreo proactivo (ej., pruebas)

SEL: Selección cuidadosa de especies

TRA: Tratamientos específicos (ej., alguicidas)

Un enfoque equilibrado para la prevención de algas es clave. Los cambios regulares de agua son la base, abordando la acumulación de nutrientes. Una selección cuidadosa de especies y una alimentación controlada previenen el exceso de desechos. Si bien los tratamientos específicos pueden ser efectivos, es mejor usarlos con moderación y como último recurso. El monitoreo diligente y las medidas proactivas minimizan la necesidad de soluciones reactivas.

Control biológico

El control biológico de algas en el nanoacuario se basa en la promoción específica de organismos que se alimentan de algas o inhiben su crecimiento. Varias especies animales son adecuadas para esto, como los caracoles, como el caracol cuerno de carnero o el caracol de cuerno, que pastan sobre las superficies para eliminar las algas. También algunas especies de camarones, como el camarón Amano, contribuyen a la reducción de algas al consumir filamentos finos de algas y depósitos. Peces como el pez gato Otocinclus o ciertas especies de peces de alevines vivíparos también pueden controlar el crecimiento de algas. Al seleccionar animales que se alimentan de algas, es importante considerar la compatibilidad con otros habitantes del acuario y los parámetros del agua. Se debe evitar la sobrepoblación del acuario, ya que esto puede llevar a un aumento de nutrientes y, en última instancia, a un crecimiento excesivo de algas. Además del apoyo animal, el control biológico de algas también puede lograrse mediante el uso de microorganismos. Cultivos de bacterias disponibles en el mercado pueden ayudar a descomponer desechos orgánicos y así reducir la disponibilidad de nutrientes para las algas. Sin embargo, la efectividad de este método depende en gran medida de las condiciones en el acuario y requiere una aplicación

Reactor de algas [i38]

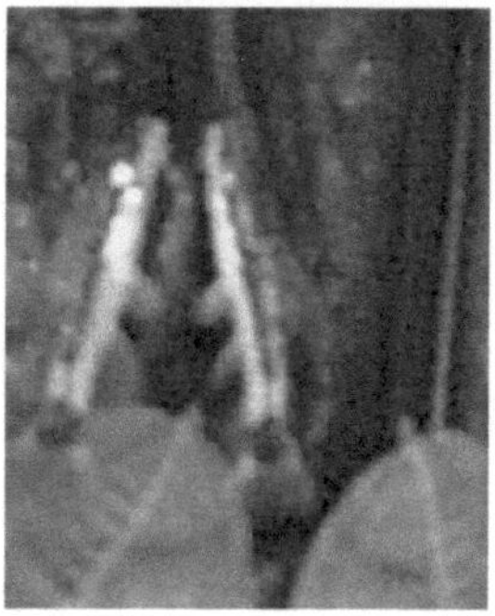

Pez gato Otocinclus [i39]

cuidadosa. Curiosamente, las algas también se pueden utilizar en sistemas acuícolas más grandes para eliminar nitrógeno inorgánico, donde la luz y el tiempo de retención hidráulica son factores decisivos [s56]. Este principio se puede aplicar, a menor escala, al nanoacuario, creando áreas con mayor iluminación y un tiempo de retención de agua más prolongado para concentrar el crecimiento de algas y facilitar su posterior eliminación. La colocación de un pequeño reactor de algas en el circuito de filtración, después de la filtración y nitrificación, puede mejorar el control sobre el tiempo de retención hidráulica y optimizar así la eliminación de nitrógeno [s56].

Caracol cuerno de carnero [i40]

Gamba de Amano [i41]

Bueno saber

Caracol cuerno de carnero

Esta especie de caracol es conocida por su gran apetito por las algas y ayuda a reducir los depósitos de algas en superficies y plantas. Sin embargo, se reproduce rápidamente, por lo que es recomendable controlar su población.

Caracol de cuerno

Los caracoles de cuerno pastan sobre varias especies de algas y son especialmente útiles en la lucha contra las algas puntuales y otras especies de algas persistentes. Asegúrese de proporcionar suficiente alimento, ya que pueden morder plantas sanas si hay escasez de comida.

Tiempo de retención hidráulica

El tiempo de retención hidráulica se refiere al tiempo que el agua tarda en fluir a través de una determinada área del acuario o del filtro. Un tiempo de retención más largo en el reactor de algas puede mejorar la eliminación de nutrientes.

Peces de alevines vivíparos

Ciertas especies de peces de alevines vivíparos, como los guppys o los mollys, también se alimentan de algas, pero su efectividad en el control de algas es menor que la de los especialistas en algas. Sin embargo, pueden ayudar a mantener el crecimiento de algas bajo control.

Eficacia del Control de Algas en Nano Acuarios

Comparación de Métodos Biológicos para el Control de Algas

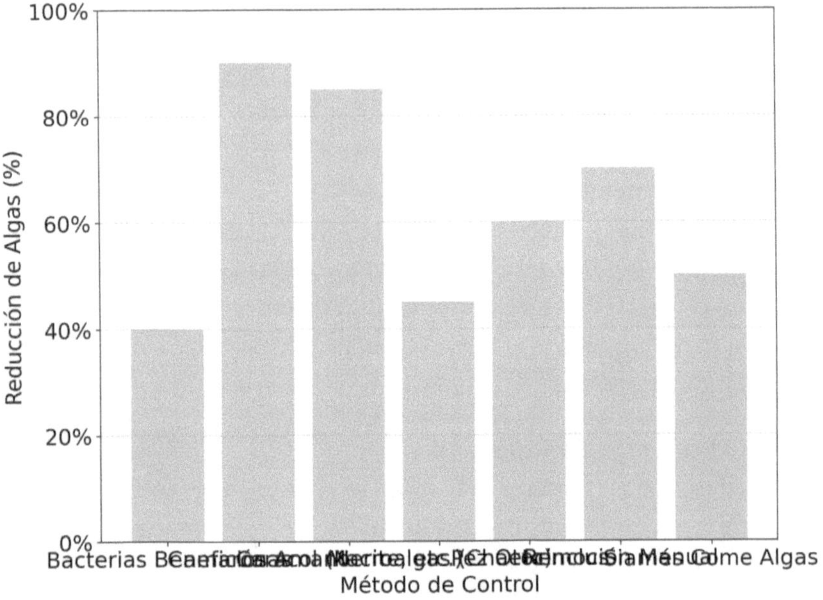

BBf: Bacterias Beneficiosas

CAm: Camarón Amano

CNe: Caracol (Nerite, etc.)

MCh: Macroalgas (Chaeto)

POt: Pez Otocinclus

RMa: Remoción Manual

SCA: Siamés Come Algas

Esta gráfica demuestra claramente la variabilidad en la eficacia de diferentes métodos biológicos para el control de algas. Los caracoles y los camarones Amano exhiben las tasas más altas de reducción de algas, lo que los convierte en excelentes opciones para nano acuarios. Si bien los peces comedores de algas pueden contribuir, su eficacia es generalmente menor y pueden plantear limitaciones de espacio en tanques más pequeños. El uso de bacterias beneficiosas y macroalgas competitivas ofrece un enfoque más pasivo con un éxito moderado, particularmente en tanques establecidos. La remoción manual sigue siendo importante para el tratamiento localizado y la prevención de la acumulación excesiva.

Eliminación mecánica

La eliminación mecánica de algas en el nano-acuario abarca varios métodos directos para eliminar el crecimiento no deseado. Mediante un raspador de acuarios o una tarjeta especial para algas, se pueden desprender depósitos persistentes de los cristales. Para estructuras más finas y lugares de difícil acceso, como entre plantas densamente agrupadas o en objetos decorativos, son adecuadas cepillos suaves o accesorios de limpieza especiales. También se debe prestar atención al sustrato durante la limpieza mecánica. Con un aspirador de sedimentos, se pueden succionar restos de plantas muertas, restos de alimento y acumulaciones de algas que se han depositado en el sustrato y que fomentan el crecimiento de algas. Esta limpieza mecánica del sustrato debe realizarse regularmente, cada una o dos semanas, dependiendo de la densidad de población y la cantidad de alimento. Además de estos métodos convencionales, existen enfoques innovadores para el control de algas. Se ha desarrollado un sistema ultrasónico omnidireccional que elimina algas con una notable eficiencia de más del 70% en 30 minutos, destruyendo las células de algas mediante cavitación [s57]. Esta tecnología, que funciona con un solo transductor ultrasónico, podría representar en el futuro una alternativa eficiente y respetuosa con el medio ambiente a los métodos convencionales [s57]. También la cosecha selectiva de algas, especialmente de cianobacterias flotantes, es una forma de eliminación mecánica [s58]. Sin embargo, se debe tener precaución, ya que las cianobacterias, también conocidas como algas azul-verdosas, pueden producir toxinas que ingresan al agua y ponen en peligro a los habitantes del acuario. Por lo tanto, después de cosechar las cianobacterias, se debe realizar un cambio de agua generoso para reducir la concentración de toxinas [s58]. La eliminación mecánica de algas es una medida inmediata importante para combatir problemas agudos de algas. Sin embargo, siempre debe combinarse con medidas preventivas

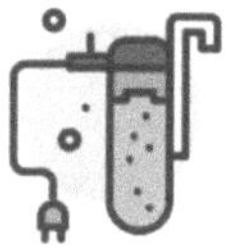

y, si es necesario, con métodos de control biológico para garantizar a largo plazo un acuario libre de algas y saludable. Al combinar diversas estrategias, se puede controlar eficazmente el crecimiento de algas y mantener un equilibrio estable en el nano-acuario.

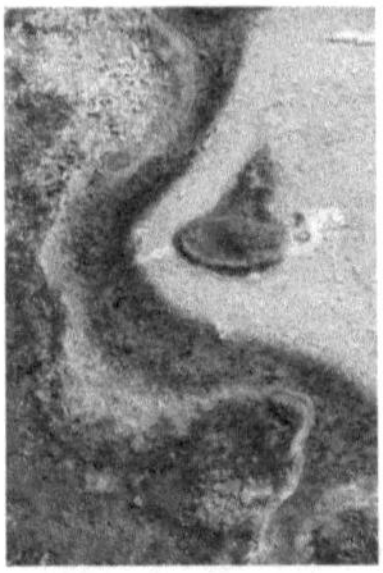

Cianobacterias [i42]

Bueno saber

Concentración de toxinas

La cantidad de toxinas disueltas en el agua. Después de la eliminación de cianobacterias, la concentración de toxinas debe reducirse mediante un cambio de agua para garantizar la salud de los habitantes del acuario.

Omnidireccional

Se refiere a la propagación uniforme de ondas sonoras en todas las direcciones, lo que garantiza un control integral de algas en el nano-acuario.

Transductor ultrasónico

Un dispositivo que convierte energía eléctrica en ondas ultrasónicas que pueden utilizarse para combatir algas en el nano-acuario.

Distribución del Esfuerzo de Eliminación de Algas

Distribución del esfuerzo para la eliminación mecánica de algas.

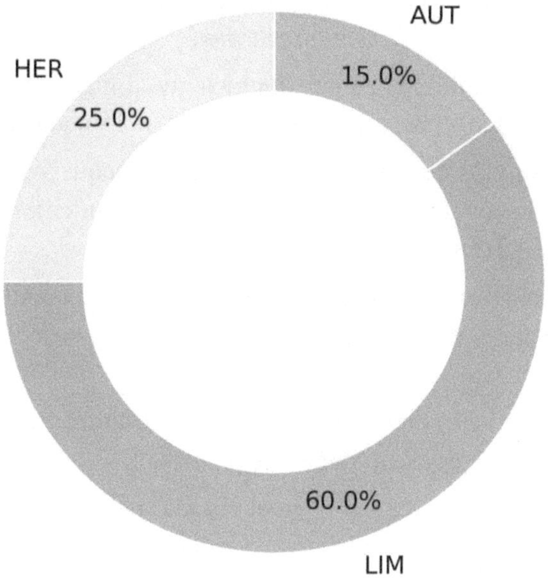

- AUT: Limpiadores Automatizados (ej., limpiadores robóticos)
- HER: Herramientas Especializadas (ej., raspadores magnéticos, almohadillas para algas)
- LIM: Limpieza Manual (ej., raspado, limpieza)

La eliminación manual requiere el mayor esfuerzo, lo que destaca la necesidad de medidas preventivas y herramientas de limpieza eficientes. Si bien las herramientas especializadas y los limpiadores automatizados reducen el esfuerzo manual, aún contribuyen a la carga de trabajo general. Los controles químicos o biológicos, no representados aquí, podrían minimizar aún más la limpieza manual.

Consejos concretos

- Utilice un colador pequeño y fino para retirar regularmente las algas suspendidas y así contener su propagación.
- Identifique con precisión el tipo de alga para tomar medidas adecuadas y evitar tratamientos innecesarios.
- Introduzca plantas que compitan con el tipo de alga presente, como el elodea contra las algas filamentosas.
- Experimente con fertilizantes líquidos que fomenten el crecimiento de las plantas sin proporcionar nutrientes adicionales a las algas.
- Realice cambios de agua más frecuentes en pequeñas cantidades para mantener la concentración de nutrientes constantemente baja y prevenir el crecimiento de algas.
- Observe su acuario regularmente bajo diferentes condiciones de luz para detectar el crecimiento de algas a tiempo y reaccionar de inmediato.
- Reduzca gradualmente la intensidad de la iluminación para inhibir el crecimiento de algas sin dañar las plantas.
- Utilice un clarificador UV-C en el circuito del filtro para combatir eficazmente esporas de algas y patógenos, y aclarar el agua.
- Emplee un tratamiento específico para algas que esté adaptado al tipo de alga en cuestión y que no afecte a los demás habitantes del acuario.
- Retire completamente las plantas o elementos decorativos gravemente infestados del acuario para eliminar la fuente de algas.
- Reinicie el acuario después de una plaga de algas para garantizar un reinicio completo del ecosistema y eliminar algas persistentes.
- Consulte a acuaristas experimentados para encontrar soluciones individuales para su problema de algas y evitar errores.

5. 2 Calidad del agua

En el nano-acuario, la calidad del agua determina el bienestar de los habitantes. El bajo volumen de agua reacciona de manera sensible a los cambios en parámetros como el pH, la dureza, el contenido de oxígeno y la concentración de contaminantes. Estos factores influyen en la salud de los peces, el crecimiento de las plantas y la eficiencia de la filtración biológica. Influencias externas como la calidad del agua del grifo o los fertilizantes también juegan un papel. Parámetros de agua estables son la base de un mini-ecosistema funcional. Este capítulo explica los parámetros más importantes y los desafíos típicos en el nano-acuario, para crear un entorno saludable y adecuado para sus habitantes acuáticos. Aprenda cómo superar estos desafíos y prevenir problemas de manera efectiva.

En el nanoacuario, la acción preventiva a través de una densidad de población adecuada, una alimentación equilibrada y cambios parciales de agua regulares es más importante que el tratamiento reactivo de problemas, ya que el bajo volumen de agua reacciona más rápidamente a los cambios y a las cargas.

Control de contaminantes

El control de contaminantes en el nano-acuario significa la regulación específica de sustancias no deseadas para garantizar un ecosistema estable y saludable. Los parámetros del agua, como la temperatura, phwert, salinitaet, alkalinitaet, dureza, oxígeno disuelto y residuos de nitrógeno afectan directamente el bienestar de los habitantes del acuario y la eficiencia de la filtración biológica [s59]. Por lo tanto, la supervisión regular de estos parámetros es esencial. El agua de manantial debe ser examinada por sustancias químicas dañinas antes de su uso [s59]. Los sistemas de monitoreo y control automatizados, que miden y ajustan continuamente los parámetros del agua, contribuyen significativamente a la estabilidad del sistema [s59]. La filtración biológica, que utiliza bacterias nitrificantes que crecen en sustratos especializados, elimina el amoníaco tóxico [s59]. La filtración química puede eliminar compuestos orgánicos adicionales, pero no siempre es necesaria [s59]. Una ventilación adecuada mantiene el contenido de oxígeno en un nivel óptimo para los peces [s59]. Los métodos de desinfección controlan los microbios patógenos en el agua [s59], siendo el mantenimiento y la calibración regulares de los sistemas automatizados cruciales para asegurar su correcto funcionamiento [s59]. Además de los parámetros mencionados, también factores externos afectan la calidad del agua. Por ejemplo, los fertilizantes químicos y pesticidas de la agricultura pueden ingresar al agua a través de fuentes difusas y causar contaminación por nitratos y pesticidas [s60]. En regiones con sustancias químicas tóxicas naturales como el arsénico y fluoruro, el agua subterránea puede estar contaminada [s60]. La desinfección del agua con cloro también puede dar lugar a subproductos no deseados al reaccionar con sustancias orgánicas [s60]. En el nano-acuario, el control de contaminantes es especialmente relevante, ya que el bajo volumen de agua reacciona más rápidamente a los cambios. Un cambio regular de agua con agua tratada y el uso de materiales filtrantes adecuados apoyan el control de contaminantes. Evitar la sobrealimentación y la sobrepoblación reduce la carga orgánica y minimiza la formación de contaminantes. Combinando la filtración biológica y química, se puede establecer un sistema de limpieza efectivo que asegure la calidad del agua en el nano-acuario a largo plazo. La observación atenta del acuario y sus habitantes proporciona indicios tempranos de posibles problemas y permite una intervención oportuna.

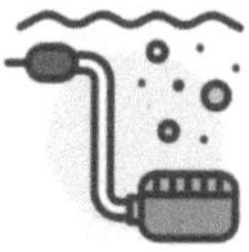

Un nano-acuario estable y bien mantenido es más resistente a las fluctuaciones y ofrece a sus habitantes un entorno saludable y adecuado.

Bueno saber

Carga orgánica

La carga orgánica se refiere a la cantidad de sustancias orgánicas en el acuario, que provienen de restos de alimentos, restos de plantas y excreciones de los animales. Una alta carga orgánica puede llevar a un deterioro de la calidad del agua.

Filtración biológica

La filtración biológica es un proceso importante en el acuario, donde bacterias beneficiosas descomponen contaminantes como el amoníaco y el nitrito. Un filtro biológico que funcione bien es crucial para un nano-acuario saludable.

Desinfección

Los métodos de desinfección como los esterilizadores UV y la ozonización reducen la cantidad de patógenos en el agua y previenen infecciones.

Oxígeno disuelto

El oxígeno es vital para los peces y otros habitantes del acuario. Un suministro adecuado de oxígeno en el agua se asegura mediante la ventilación y el movimiento de la superficie.

Residuos de nitrógeno

Los residuos de nitrógeno como el amoníaco y el nitrito son tóxicos para los habitantes del acuario. Se generan a partir de la descomposición de sustancias orgánicas y se convierten en nitrato no tóxico mediante la filtración biológica.

Niveles de Nitrato a lo Largo del Tiempo

Tendencia de la concentración de nitrato en un acuario nano.

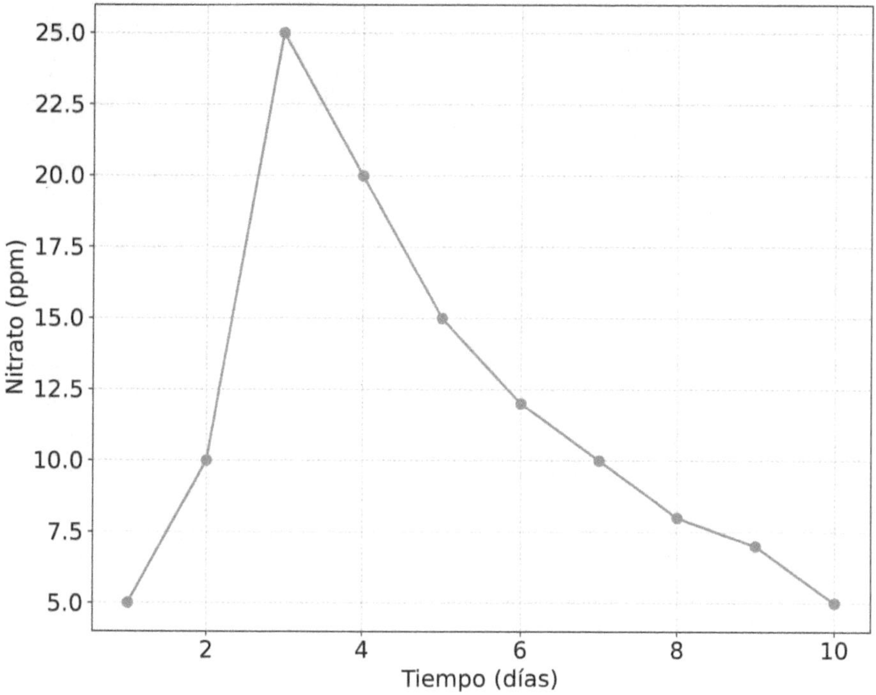

El pico inicial de nitratos sugiere un desequilibrio en el ciclo del nitrógeno, probablemente debido a un evento de sobrealimentación o una filtración biológica insuficiente. La disminución posterior indica que el sistema está comenzando a estabilizarse, posiblemente debido al aumento de los cambios de agua o a la mejora de la filtración. El monitoreo continuo es crucial para asegurar que se mantengan niveles saludables de nitrato a largo plazo.

Regulación de la dureza del agua

Magnesio [i43]

La dureza del agua, determinada por la concentración de iones de calcio y magnesio, no solo influye en el bienestar de los habitantes del acuario, sino también en diversos procesos químicos en el nano-acuario. Se distinguen dos tipos de dureza: la dureza carbonatada temporal (KH), que se puede reducir mediante ebullición, y la dureza no carbonatada permanente (GH). Para los habitantes del acuario, la GH es crucial, ya que afecta la función celular y el metabolismo. Valores de GH demasiado bajos pueden causar problemas en la muda de los invertebrados y alterar la osmoregulación en los peces. Por el contrario, una GH demasiado alta puede inhibir el crecimiento y afectar la reproducción. La KH, en cambio, amortigua el pH y lo estabiliza contra fluctuaciones. Por lo tanto, una relación equilibrada entre ambos grados de dureza es esencial para un ambiente acuático estable. Mediciones regulares con pruebas de gotas o dispositivos de medición electrónicos ayudan a controlar los valores actuales. Si la GH está fuera del rango óptimo para las especies mantenidas, se puede ajustar mediante medidas específicas. Por ejemplo, la adición de sales minerales especiales o rocas como la piedra caliza aumenta la GH, mientras que el uso de agua de ósmosis o destilliertem_wasser la disminuye. De manera similar, la KH se puede aumentar mediante la adición de bicarbonato de sodio. Un cambio regular de agua con agua debidamente tratada también contribuye a la estabilización de la dureza del agua. La dureza del agua óptima varía según la población del acuario. Mientras que algunas especies de peces, como ciertos tetras sudamericanos, prefieren agua blanda, otras, como los cíclidos de África oriental, requieren agua más dura. [s61] En el contexto de los nano-acuarios, donde el bajo volumen de agua reacciona más rápidamente a los cambios, un control preciso de la dureza del agua es especialmente importante. Un análisis de costo-beneficio puede ayudar a sopesar las prioridades entre los costos de tratamiento del agua y los beneficios para la salud de los habitantes del acuario. [s62] Por ejemplo, la adquisición de un sistema de ósmosis para producir agua blanda puede implicar costos más altos, pero a largo plazo puede promover la salud de especies de peces sensibles y reducir el esfuerzo para tratar enfermedades. El control diario de la dureza del agua es especialmente esencial después de trabajos de mantenimiento en los sistemas de tratamiento de agua para detectar problemas potenciales de manera temprana. [s63]

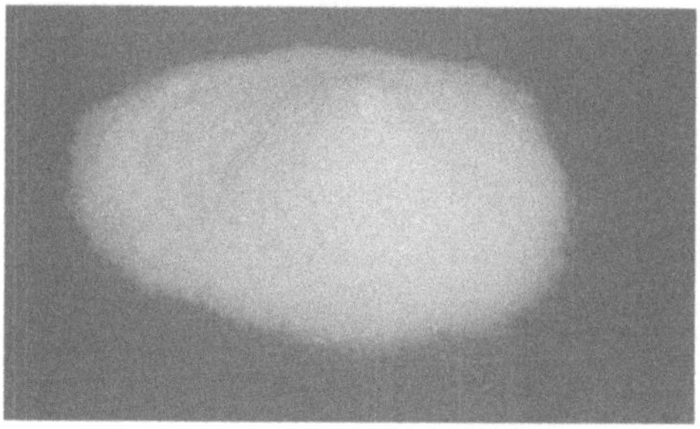

Bicarbonato de sodio [i44]

Bueno saber

Bicarbonato de sodio

El bicarbonato de sodio, también conocido como bicarbonato, se puede utilizar en el nano-acuario para aumentar la dureza carbonatada (KH) y estabilizar el pH.

Osmoregulación

La osmoregulación describe la capacidad de los seres vivos en el nano-acuario para controlar activamente el equilibrio de agua y sal en sus células. Un GH incorrecto puede interrumpir este proceso y dañar a los animales.

Parámetros del agua en nanoacuarios

Relación entre GH, KH y pH en diferentes configuraciones de nanoacuarios.

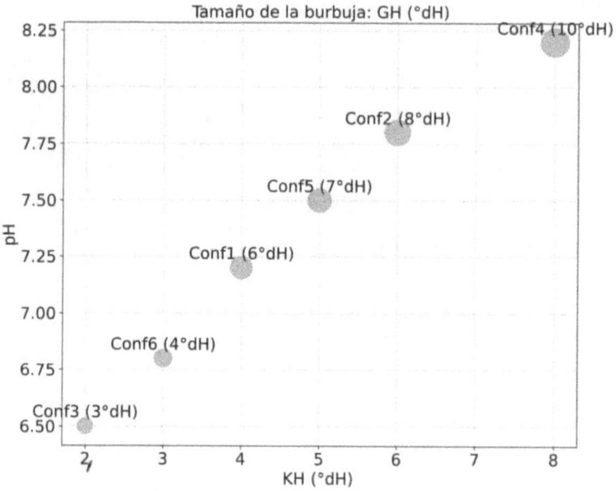

Blasengröße: GH (°dH)

Conf1: Configuración 1: Acuario de camarones

Conf2: Configuración 2: Acuario plantado

Conf3: Configuración 3: Acuario de agua blanda

Conf4: Configuración 4: Acuario de agua dura

Conf5: Configuración 5: Acuario comunitario

Conf6: Configuración 6: Acuario de baja tecnología

Generalmente, los valores de KH más altos se correlacionan con un pH más alto, lo que indica una fuerte capacidad de amortiguación. Las configuraciones con GH bajo, incluso con KH moderado, pueden exhibir un pH más bajo. Los tamaños de burbuja más grandes representan un GH más alto, lo que sugiere un posible vínculo entre el contenido mineral general y la estabilidad del pH. Algunas configuraciones demuestran que un GH y KH equilibrados es crucial para mantener un rango de pH estable y deseable dentro de un nanoacuario.

Gestión de nitratos

El nitrato, el producto final del ciclo del nitrógeno, se acumula rápidamente en los nano-acuarios debido al bajo volumen de agua y puede ser perjudicial para los habitantes. Los altos niveles de nitrato fomentan el crecimiento de algas y pueden estresar a los peces y a los invertebrados, aumentando su susceptibilidad a enfermedades e incluso provocando la muerte. La gestión efectiva de nitratos tiene como objetivo mantener la concentración de nitrato en un rango óptimo. Los cambios parciales de agua regulares con agua baja en nitratos diluyen la concentración de contaminantes. Las plantas vivas en el acuario absorben nitrato como nutriente, contribuyendo así a reducir el contenido de nitrato. La cantidad de plantas utilizadas debe ajustarse al tamaño del tanque y a la población para garantizar una reducción efectiva de nitratos. Además, se pueden utilizar medios filtrantes especiales como resinas de nitrato o filtros de desnitrificación. Estos ofrecen una gran superficie para las bacterias que convierten el nitrato en nitrógeno gaseoso, que se escapa del agua. Al igual que las relaciones de nutrientes desequilibradas pueden inhibir el crecimiento de los corales y afectar negativamente su estructura esquelética [s64], un desequilibrio en el nano-acuario también puede causar problemas. Evitar la sobrealimentación y la sobrepoblación minimiza la carga orgánica, que impulsa la producción de nitrato. Una alimentación

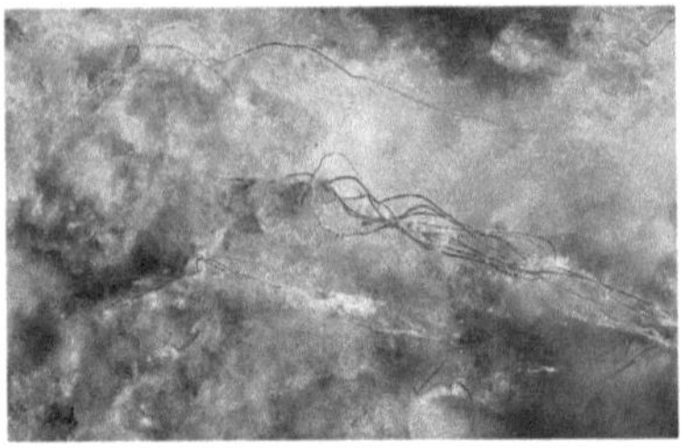

Algas [i45]

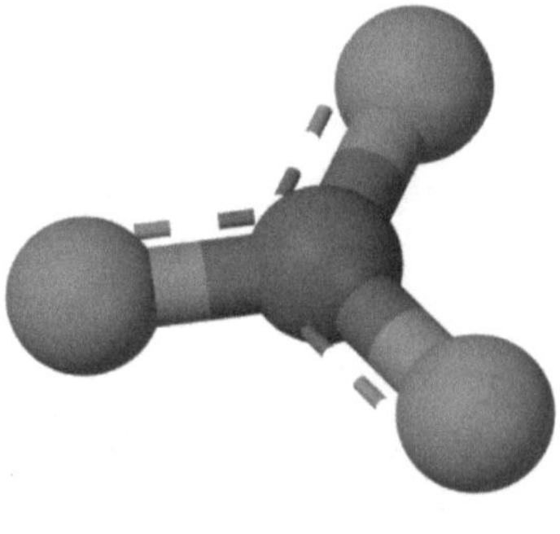

Nitrato [i46]

equilibrada con alimentos de alta calidad reduce la cantidad de alimento no utilizado que se descompone en nitrato.

En el pequeño ecosistema de un nano-acuario, una gestión cuidadosa de la aportación de nutrientes es esencial para el equilibrio y la salud de los habitantes. Para controlar el contenido de nitrato, se deben realizar regularmente pruebas de agua. De este modo, se puede verificar la efectividad de las medidas y ajustarlas si es necesario. Un nivel de nitrato estable contribuye significativamente a un nano-acuario saludable y floreciente.

Ciclo del nitrógeno

El ciclo del nitrógeno es un proceso en el acuario en el que sustancias nocivas como el amoníaco se convierten en sustancias menos dañinas como el nitrito y finalmente en nitrato. Un ciclo del nitrógeno funcional es esencial para un nano-acuario saludable.

Filtros de desnitrificación

Los filtros de desnitrificación utilizan bacterias para convertir el nitrato en nitrógeno gaseoso, que luego se escapa del acuario. Son un método efectivo para la eliminación de nitratos, pero requieren condiciones especiales para el cultivo de bacterias.

Pruebas de agua

Las pruebas de agua permiten el control regular de los valores del agua en el nano-acuario, incluido el contenido de nitrato. Ayudan a detectar problemas a tiempo y a tomar medidas adecuadas.

Sobrealimentación

La sobrealimentación conduce a un aumento de residuos orgánicos en el acuario, que son descompuestos por bacterias y, por lo tanto, fomentan la producción de nitrato. Una alimentación ajustada es, por lo tanto, importante para una buena calidad del agua.

Estrategias de reducción de nitratos en nano acuarios (12-35L)

Eficacia de los métodos de control de nitratos

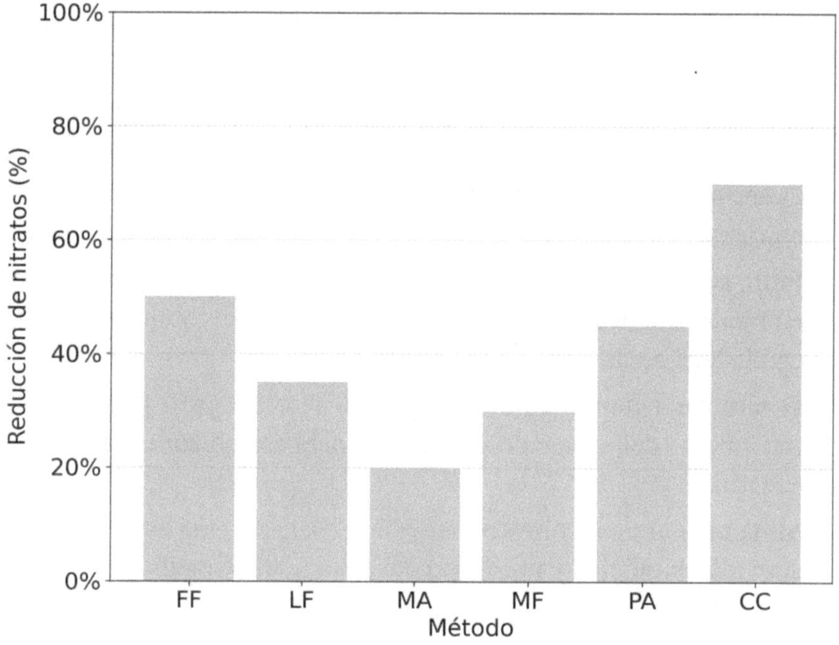

CC: Cambios de agua (25%)

FF: Filtración biológica

LF: Lecho de arena profundo

MA: Medios químicos (p. ej., Purigen)

MF: Refugio (con macroalgas)

PA: Plantas de rápido crecimiento

Los cambios regulares de agua son cruciales para el control de nitratos, ofreciendo una reducción significativa. Las plantas vivas y una filtración adecuada también contribuyen sustancialmente, mientras que los medios filtrantes especializados y la filtración química proporcionan una reducción de nitratos adicional, pero menos impactante. La combinación de múltiples métodos produce los mejores resultados para mantener una calidad de agua óptima.

Consejos concretos

- Utilice zeolita en el filtro para prevenir florecimientos de algas, con el fin de retener nutrientes en exceso.
- Introduzca caracoles o camarones que se alimenten de algas, contribuyendo así a la limpieza natural del acuario.
- Utilice un oxigenador para aumentar el contenido de oxígeno en el agua y apoyar los procesos de autolimpieza del acuario.
- Instale un pequeño filtro de plantas en el acuario para reducir nitratos y fosfatos de manera natural y mejorar la calidad del agua.
- Coseche regularmente plantas de rápido crecimiento para eliminar nutrientes en exceso del agua y prevenir el crecimiento de algas.
- Filtre su agua de cambio a través de un filtro de carbón activado para eliminar sustancias no deseadas y decoloraciones, optimizando así la calidad del agua.
- Determine la dureza carbonatada de su agua del grifo y ajuste el tratamiento del agua en consecuencia para estabilizar el pH en el acuario.
- Mida regularmente el valor redox en el acuario para evaluar la actividad biológica y la calidad del agua, y tome medidas si es necesario.
- Haga una pausa entre las alimentaciones para permitir que los peces tengan la oportunidad de comer los restos de alimento del fondo y así cuidar la calidad del agua.
- Utilice un acondicionador de agua especial para eliminar cloro y metales pesados del agua del grifo, mejorando la calidad del agua para sus habitantes del acuario.
- Observe el color y el olor del agua para detectar a tiempo signos de deterioro en la calidad del agua y reaccionar adecuadamente.

5. 3 Prevención de enfermedades

La prevención de enfermedades en el nanoacuario significa anticiparse a los problemas y mantener la salud de los peces. Incluye la observación del comportamiento, medidas de cuarentena y una higiene rigurosa. Estas acciones minimizan el riesgo de infecciones y contribuyen de manera decisiva al éxito a largo plazo del mini acuario. Reconozca a tiempo los signos de enfermedades y actúe de manera preventiva para evitar problemas graves. Un acuario saludable comienza con la prevención adecuada. Siga leyendo para conocer los pasos necesarios en detalle.

La detección temprana a través de la observación regular del comportamiento es la clave para una exitosa prevención de enfermedades en el nanoacuario.

Observación del comportamiento

La observación del comportamiento en el nanoacuario proporciona valiosos conocimientos sobre el estado de salud de los peces y permite una intervención temprana en caso de problemas. La capacidad de identificar el comportamiento normal es clave para detectar desviaciones y, por lo tanto, problemas potenciales de bienestar [s65]. Un pez sano muestra comportamientos específicos de la especie, como una alimentación activa, disfrute de nadar por todo el acuario y una interacción normal con sus congéneres. Cambios en el comportamiento alimentario, como apatía o un apetito excesivo, pueden indicar estrés o enfermedad [s65]. También una dinámica de grupo alterada, como la aislamiento de un pez o agresiones inusuales, debe ser motivo de una investigación más detallada [s65]. Además de los indicadores negativos, la observación también proporciona señales positivas sobre el bienestar: un colorido vibrante, comportamientos de cortejo o la exploración del entorno indican animales sanos y satisfechos [s65]. Observaciones regulares, idealmente diarias a una hora fija, ayudan a detectar cambios sutiles a tiempo y a tomar medidas antes de que se desarrolle un problema serio [s65]. También en la acuicultura profesional, la observación automatizada del comportamiento está ganando importancia [s66]. Los sistemas que registran la velocidad y profundidad de nado pueden indicar reacciones sutiles de estrés o cambios en el comportamiento alimentario, incluso antes de que sean visibles a simple vista [s66]. Los sensores de luz permiten un monitoreo rentable y efectivo, que puede complementarse con alarmas automatizadas ante desviaciones del estado normal [s66]. Esta tecnología, originalmente desarrollada para optimizar la ingesta de alimento y el crecimiento, también ofrece al acuarista aficionado un potencial para una mejor prevención de la salud.

Acuicultura [i47]

Comportamiento de cortejo [i48]

Estrés (Biología) [i49]

Bueno saber

Acuicultura

La cría y cultivo controlados de animales acuáticos, cuyas técnicas también pueden ser relevantes para la prevención de la salud en el nanoacuario.

Apatía

Desinterés y falta de motivación en los peces, que puede indicar enfermedad o condiciones de agua desfavorables en el nanoacuario.

Anomalías de comportamiento

Frecuencia de anomalías

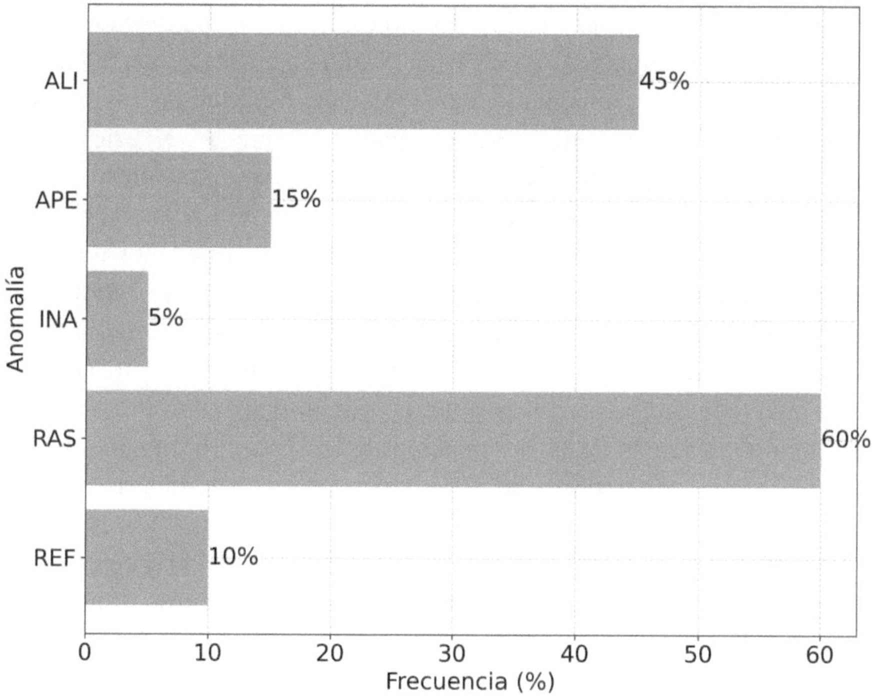

ALI: Dificultad para respirar
APE: Apatía
INA: Inquietud
RAS: Rascado
REF: Rechazo a la comida

El diagrama muestra que la apatía es la más común, seguida del rechazo a la comida. Rascarse y la dificultad para respirar son significativamente menos comunes, lo que indica una menor prevalencia de estos síntomas más graves. La baja frecuencia de inquietud indica condiciones de agua generalmente estables.

Medidas de cuarentena

La cuarentena es esencial en el nano-acuario para evitar la transmisión de enfermedades al stock de peces existente. Los peces nuevos, sin importar su procedencia, deben ser alojados inicialmente en un tanque separado. Este tanque de cuarentena necesita un equipo completo propio, incluyendo filtro, calefacción e iluminación, para evitar cualquier contacto con el acuario principal y su equipamiento. Una separación espacial de los tanques, idealmente en diferentes habitaciones, minimiza el riesgo de contaminación cruzada. La duración de la cuarentena varía, dependiendo del estado de salud y la procedencia de los animales, entre 15 días y tres meses. Durante este tiempo, los recién llegados deben ser observados cuidadosamente. Cambios de comportamiento, como falta de apetito, apatía o respiración alterada, pueden ser los primeros signos de una enfermedad y requieren más investigaciones. Un acuarista experimentado también realiza pruebas diagnósticas específicas durante este tiempo. Además de la observación de los peces, la higiene durante el período de cuarentena es de gran importancia. Las manos deben lavarse a fondo antes y después de cada contacto con el tanque de cuarentena para prevenir la transmisión de patógenos. También es recomendable utilizar únicamente equipo destinado a la cuarentena y realizar una limpieza y desinfección cuidadosa después de su uso para garantizar la seguridad. Al finalizar la cuarentena y si el estado de salud es óptimo, los peces pueden ser trasladados al acuario principal. Incluso después de la integración en el acuario principal, se recomienda una observación continua del stock de peces para detectar posibles problemas de salud a tiempo.

Bueno saber

Contaminación cruzada

La transmisión de patógenos o contaminantes de un acuario a otro, por ejemplo, a través del uso compartido de equipos o agua.

Desinfección

La eliminación específica de patógenos en superficies y equipos para prevenir la propagación de enfermedades. En el nano-acuario se pueden utilizar desinfectantes especiales aptos para acuarios.

Pruebas diagnósticas

Investigaciones específicas, por ejemplo, mediante tiras de prueba o microscopio, para identificar patógenos o parámetros del agua y determinar la causa de problemas de salud en los habitantes del acuario.

Razones de Cuarentena en Nano Acuarios

Distribución de las razones de cuarentena para nuevos animales en nano acuarios.

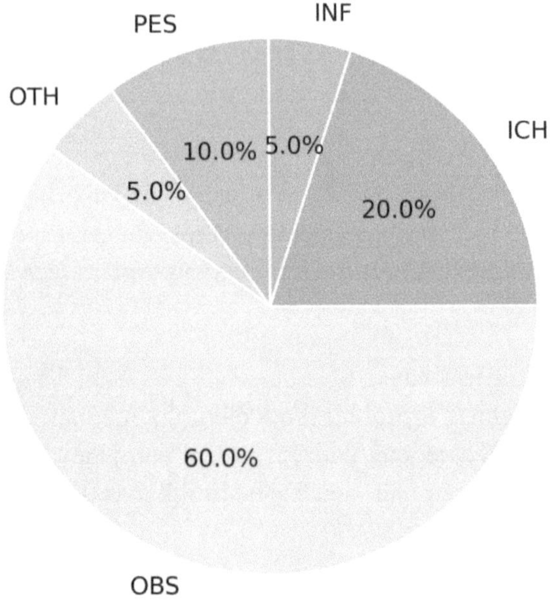

ICH: Sospecha de Ich/Cryptocaryon

INF: Infección Conocida (p. ej., bacteriana, fúngica)

OBS: Observación y Profilaxis

OTH: Otro

PES: Infestación de Plagas (p. ej., hidra, planaria)

La mayoría de las cuarentenas se realizan para la observación y el tratamiento profiláctico de enfermedades comunes como Ich, lo que destaca la importancia de las medidas preventivas para proteger el sensible entorno del nano acuario. Aunque con menos frecuencia, los tratamientos dirigidos a infecciones conocidas e infestaciones de plagas siguen siendo cruciales, lo que demuestra la necesidad de un abastecimiento e inspección cuidadosos de las nuevas incorporaciones. El porcentaje relativamente bajo de 'Otros' sugiere que la mayoría de las razones de cuarentena están cubiertas por las principales categorías.

Medidas de higiene

La higiene en el nanoacuario abarca medidas para mantener el tanque limpio y evitar la transmisión de enfermedades. La limpieza en el acuario reduce la carga bacteriana y previene infecciones. Los teilwasserwechsel, aproximadamente del 10-20% semanalmente, eliminan contaminantes y depósitos orgánicos. Así, la calidad del agua se mantiene estable y los peces se mantienen sanos. [s67] La limpieza del sustrato con un aspirador de sedimentos previene la acumulación de contaminantes y procesos de descomposición. También la limpieza de los cristales y elementos decorativos contribuye a la higiene. En este caso, se deben utilizar productos de limpieza seguros para acuarios para no alterar la delicada biología del acuario. Además de la higiene del tanque, la higiene personal del acuarista es importante. Antes y después de cada contacto con el acuario, las manos deben lavarse a fondo para evitar la transmisión de patógenos – tanto del ser humano al pez como viceversa. [s67] El uso de equipos separados, como redes o mangueras, para el acuario de cuarentena también previene la introducción de patógenos en el acuario principal. La desinfektion de estos equipos después de su uso, por ejemplo, enjuagándolos con agua hirviendo, aumenta la seguridad adicionalmente. El cumplimiento riguroso de estas medidas de higiene minimiza el riesgo de brotes de enfermedades y contribuye significativamente al bienestar de los habitantes del acuario.

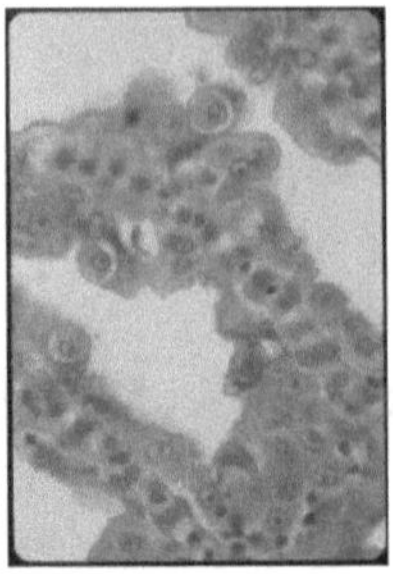

Patógenos [i50]

Bueno saber

Biología del acuario

La biología del acuario se refiere a la compleja interacción de bacterias, plantas y animales en el acuario. Un equilibrio biológico estable es importante para la salud de los habitantes del acuario.

Depósitos orgánicos

Los depósitos orgánicos como restos de comida, restos de plantas y excrementos de peces forman un caldo de cultivo para bacterias y pueden afectar la calidad del agua. La limpieza regular del sustrato y la eliminación de partes de plantas muertas ayudan a reducir los depósitos orgánicos.

Patógenos

Los patógenos como bacterias, virus y parásitos pueden causar enfermedades en los peces y otros habitantes del acuario. Las medidas de higiene ayudan a prevenir la propagación de patógenos.

Productos de limpieza seguros para acuarios

Los productos de limpieza seguros para acuarios están diseñados específicamente para su uso en acuarios y no contienen productos químicos dañinos que puedan perjudicar a los peces u otros habitantes del acuario.

Medidas de higiene para nano acuarios

Tiempo dedicado a las tareas de higiene de los nano acuarios.

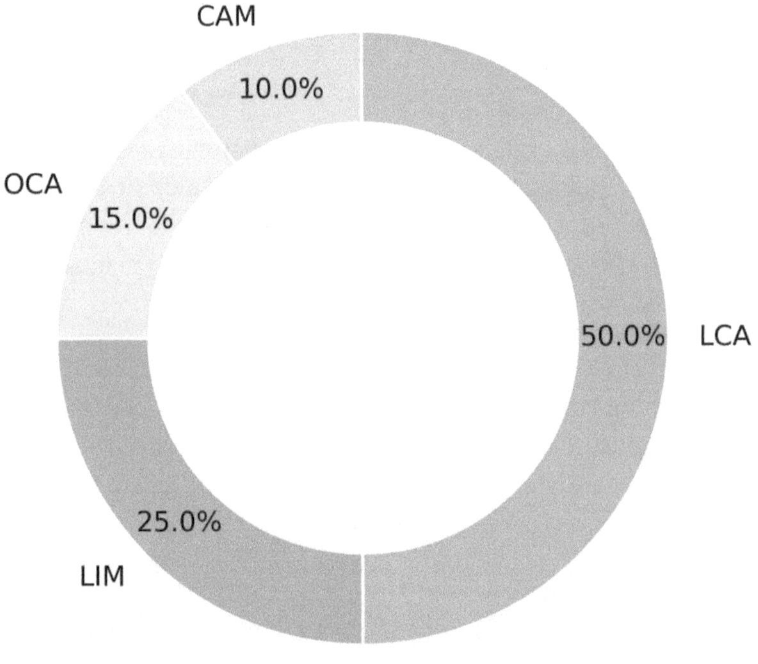

CAM: Cambios de agua

LIM: Limpieza del filtro

LCA: Limpieza del acuario

OCA: Otras cosas (raspado de algas, limpieza de cristales, etc.)

Los cambios regulares de agua son la tarea de higiene que más tiempo consume en los nano acuarios, lo que destaca su importancia para mantener la calidad del agua. Si bien son menos frecuentes, la limpieza del filtro y la aspiración del sustrato aún requieren tiempo dedicado y no deben descuidarse. Otras tareas, aunque rápidas, contribuyen a la salud y limpieza general del ecosistema del nano acuario.

Consejos concretos

- Establezca una 'farmacia de peces' con importantes productos de tratamiento de agua y medicamentos de fácil dosificación para poder reaccionar rápidamente en caso de enfermedad.
- Desarrolle un sistema de alerta temprana para enfermedades: anote diariamente las anomalías en el comportamiento o la apariencia de sus peces para detectar cambios a tiempo.
- Fortalezca el sistema inmunológico de sus peces mediante una dieta variada con alimentos de alta calidad y ocasionales aportes de alimento vivo.
- Simule condiciones ambientales naturales, como fluctuaciones estacionales de temperatura o épocas de lluvia, para fomentar la resistencia de los peces.
- Consiga un microscopio para poder examinar raspados de piel o muestras de heces de sus peces en busca de parásitos o patógenos.
- Utilice hojas de almendro de mar o conos de aliso de manera preventiva en el acuario para reducir la carga microbiana y aumentar el bienestar de los peces.
- Aísle de inmediato a los peces enfermos en un tanque de cuarentena para prevenir la infección del resto de la población.
- Investigue las enfermedades típicas de sus especies de peces para poder tomar las medidas adecuadas rápidamente en caso de enfermedad.
- Intercambie experiencias con acuaristas experimentados o un veterinario especializado en peces para obtener una segunda opinión en caso de enfermedad.
- Realice un tratamiento con acondicionadores de agua después de un tratamiento, que apoyen la flora intestinal de los peces y fomenten la regeneración.

Revisión - 5. Solución de problemas y prevención

Un acuario nano saludable y floreciente requiere un enfoque proactivo en la resolución y prevención de problemas. En lugar de reaccionar ante problemas agudos, debe concentrarse en medidas preventivas que aseguren un ecosistema estable a largo plazo. Esto comienza con la cuidadosa selección de los habitantes del acuario y las plantas. Considere la compatibilidad de las especies y preste atención a una población equilibrada para evitar la sobrecarga y el estrés. Configure su acuario nano con cuidado: un filtro de tamaño adecuado, que garantice tanto la filtración mecánica como la biológica, es esencial. Las plantas de rápido crecimiento compiten con las algas por los nutrientes y contribuyen a un ciclo de agua saludable. La duración adecuada de la iluminación, ni demasiado ni muy poco, apoya el crecimiento de las plantas y al mismo tiempo inhibe el crecimiento excesivo de algas.

El mantenimiento regular es el núcleo de la prevención de problemas. Los cambios parciales de agua semanales, en los que se reemplaza aproximadamente el 10-20% del agua y se aspira el sustrato, eliminan nutrientes en exceso y previenen el crecimiento de algas. Controle regularmente los parámetros del agua, como la temperatura, el pH, la GH y la KH, y actúe de manera reguladora ante desviaciones a tiempo. Una alimentación moderada de los habitantes de su acuario evita que el alimento en exceso se hunda y afecte la calidad del agua. Recuerde que en el pequeño ecosistema de un acuario nano, incluso pequeñas cantidades de contaminantes pueden llevar rápidamente a problemas.

Si a pesar de todas las precauciones surgen problemas, se requiere una acción rápida. En caso de infestación de algas, además de la eliminación mecánica con un raspador o un cepillo, también puede utilizar ayudantes biológicos. Caracoles, camarones o ciertas especies de peces que se alimentan de algas pueden controlar el crecimiento de algas de manera natural. Sin embargo, tenga en cuenta que estos animales también deben ser compatibles con la población existente y que el acuario no debe estar sobrepoblado. Ante síntomas de enfermedad en sus peces, es esencial establecer un tanque de cuarentena para prevenir la propagación a toda la población. Observe a los animales en el tanque de cuarentena de cerca y, en caso de duda, consulte a un acuarista experimentado o a un veterinario.

El cumplimiento riguroso de las medidas de higiene completa su concepto de prevención. Lave sus manos antes y después de cada contacto con el acuario y utilice herramientas separadas para el tanque de cuarentena. Al limpiar el acuario, use productos de limpieza seguros para acuarios para no alterar el equilibrio biológico. Aunque el cuidado de un acuario nano requiere tiempo y atención, la vida saludable y colorida en su mini biotopo lo recompensará. Con la combinación adecuada de medidas preventivas y soluciones específicas ante problemas, creará un entorno óptimo en el que sus habitantes del acuario se sientan cómodos y usted disfrute de su acuario nano durante mucho tiempo.

Ofertas adicionales gratuitas planificadas

Nos complace poder ofrecerle en el futuro materiales complementarios gratuitos para este libro:

- Un capítulo bonus exclusivo con contenido adicional
- Un resumen compacto de todo el libro en formato PDF
- Una versión de radioteatro (En Planificación)

Se prevé que estos materiales se publiquen en 2025.
Le invitamos a visitar nuestro sitio web hoy mismo. Cuando se lance nuestro servicio de boletín (previsto para 2025), podrá registrarse para recibir actualizaciones y no perderse ninguna novedad sobre las ofertas adicionales gratuitas.

www.SaageBooks.com/es/acuario_nano-bonus-3B1WFJ

Estimados lectores,

Nos sentimos profundamente honrados de que hayan dedicado tiempo a leer nuestro libro de principio a fin. Nuestro mayor deseo es proporcionarles ideas valiosas y orientación práctica. Su confianza en nuestro trabajo significa mucho para nosotros. Esperamos que la lectura haya sido enriquecedora para ustedes. Si tienen alguna pregunta o sugerencia, no duden en contactarnos a través de nuestro sitio web.

Si han disfrutado de este libro, agradeceríamos enormemente una reseña honesta. Pueden dejar fácilmente su valoración honesta en la plataforma de venta donde compraron el libro.
¡Gracias por su apoyo!

Bendis Saage

Saage Media GmbH - Equipo

www.SaageBooks.com/es

¡Descubre más! Nuestro sitio web editorial te ofrece una variada selección de libros adicionales. Además de contenido gratuito y materiales exclusivos de bonificación, encontrarás información detallada sobre nuestras obras. Explora nuestra extensa oferta digital y déjate inspirar por experiencias adicionales de lectura.

www.SaageBooks.com/es

Fuentes

Nuestro sincero agradecimiento a todos los autores de las fuentes científicas y no científicas citadas, a los operadores de los sitios web referenciados y a los creadores de las imágenes, gráficos y estudios utilizados, cuyo valioso trabajo ha contribuido a la creación de este libro.

Para más información, le recomendamos visitar los sitios web de las fuentes.

Si descubre errores de asignación u otras inconsistencias, por favor contáctenos.

Todas las fuentes fueron consultadas por última vez el: 2025-02-12

[s1] - https://pmc.ncbi.nlm.nih.gov/articles/PMC10819107/

Autor:	Putu A Suriasni, Ferry Faizal, Wawan Hermawan, Ujang Subhan, Camellia Panatarani, I Made Joni	**Título:**	IoT Water Quality Monitoring and Control System in Moving Bed Biofilm Reactor to Reduce Total Ammonia Nitrogen
por:	Padjadjaran University	**DOI:**	10.3390/s24020494
Fecha:	2024 Jan 12	**Sitio web:**	PMC
Editorial:	MDPI		

[s2] - https://www.mdpi.com/2076-3298/10/11/188

Autor:	Monika R. Snowdon, Robert F. L. Liang, Avneet Kaur, Erika A. Burton, Shasvat Rathod, Wenkai Fang, Hadi A. Dhiyebi, Leslie M. Bragg, Norman Y. Zhou, Mark R. Servos, Marina Freire-Gormaly	**Título:**	Effects of Substituting Activated Carbon with Titanium-Dioxide-Coated Cenospheres in Conventional Aquarium Filters
por:	Multidisciplinary Digital Publishing Institute	**DOI:**	10.3390/environments10110188
Fecha:	2023-10-31	**Sitio web:**	MDPI
Editorial:	Multidisciplinary Digital Publishing Institute		

[s3] - https://pmc.ncbi.nlm.nih.gov/articles/PMC3991973/

Autor:	Natalia Villamizar, Luisa María Vera, Nicholas Simon Foulkes, Francisco Javier Sánchez-Vázquez	**Título:**	Effect of Lighting Conditions on Zebrafish Growth and Development
DOI:	10.1089/zeb.2013.0926	**Fecha:**	2014 Apr 1
Sitio web:	PubMed Central (PMC)	**Editorial:**	Zebrafish

[s4] - https://pubmed.ncbi.nlm.nih.gov/26835667/

Autor: Miralles V, Huerre A, Malloggi F, Jullien MC
Título: A Review of Heating and Temperature Control in Microfluidic Systems: Techniques and Applications
DOI: 10.3390/diagnostics3010033
Fecha: 2013/01/15
Sitio web: PubMed
Editorial: Diagnostics (Basel, Switzerland)

[s5] - https://www.mdpi.com/2075-4418/3/1/33

Autor: Vincent Miralles, Axel Huerre, Florent Malloggi, Marie-Caroline Jullien
Título: A Review of Heating and Temperature Control in Microfluidic Systems: Techniques and Applications
por: Multidisciplinary Digital Publishing Institute
DOI: 10.3390/diagnostics3010033
Fecha: 2013-01-15
Sitio web: MDPI
Editorial: Multidisciplinary Digital Publishing Institute

[s6] - https://pmc.ncbi.nlm.nih.gov/articles/PMC9102199/

Autor: Andre Fussy, Jutta Papenbrock
Título: An Overview of Soil and Soilless Cultivation Techniques—Chances, Challenges and the Neglected Question of Sustainability
por: Leibniz University Hannover
DOI: 10.3390/plants11091153
Fecha: 2022 Apr 24
Sitio web: PubMed Central (PMC)
Editorial: Plants

[s7] - https://www.mdpi.com/1999-4907/14/2/414

Autor: Domagoj Mamić, Danijela Domljan
Título: Design of Decorative Wooden Wall Panels from Sliced Pedunculate Slavonian Oak (Quercus robur L.) from Veneer Production Residue
por: Multidisciplinary Digital Publishing Institute
DOI: 10.3390/f14020414
Fecha: 2023-02-17
Sitio web: mdpi.com
Editorial: Multidisciplinary Digital Publishing Institute

[s8] - https://pmc.ncbi.nlm.nih.gov/articles/PMC9668571/

Autor: Weihua Zou, Zimu Li, Delin Sun
Título: The teaching content of Shanghai style furniture design for Chinese art design speciality
por: Central South University of Forestry and Technology
DOI: 10.1016/j.heliyon.2022.e11627
Fecha: 2022 Nov 14
Sitio web: PubMed Central (PMC)
Editorial: Heliyon

[s9] - https://www.mdpi.com/2673-7248/3/1/2

Autor: Ryoga Miyauchi, Xiaoxiao Zhou, Yuki Inoue
Título: Design Elements That Increase the Willingness to Pay for Denim Fabric Products
por: Multidisciplinary Digital Publishing Institute
DOI: 10.3390/textiles3010002
Fecha: 2023-01-05
Sitio web: MDPI
Editorial: Multidisciplinary Digital Publishing Institute

[s10] - https://www.mdpi.com/2071-1050/13/20/11236

Autor:	Mohd Naqib Azfar Mohd Roslan, Abentin Estim, Balu Alagar Venmathi Maran, Saleem Mustafa	**Título:**	Effects of Aquatic Plants on Nutrient Concentration in Water and Growth Performance of Fantail Goldfish in an Aquaculture System
por:	Multidisciplinary Digital Publishing Institute	**DOI:**	10.3390/su132011236
Fecha:	2021-10-12	**Sitio web:**	mdpi.com
Editorial:	Multidisciplinary Digital Publishing Institute		

[s11] - https://www.mdpi.com/2076-3417/10/8/2712

Autor:	Nurul Umairah Mohd Nizam, Marlia Mohd Hanafiah, Izzati Mohd Noor, Hazwani Izzati Abd Karim	**Título:**	Efficiency of Five Selected Aquatic Plants in Phytoremediation of Aquaculture Wastewater
por:	Multidisciplinary Digital Publishing Institute	**DOI:**	10.3390/app10082712
Fecha:	2020-04-14	**Sitio web:**	MDPI
Editorial:	Multidisciplinary Digital Publishing Institute		

[s12] - https://www.mdpi.com/2223-7747/12/1/207

Autor:	Simona Ceschin, Flaminia Mariani, Dario Di Lernia, Iole Venditti, Emanuele Pelella, Maria Adelaide Iannelli	**Título:**	Effects of Microplastic Contamination on the Aquatic Plant Lemna minuta (Least Duckweed)
por:	Multidisciplinary Digital Publishing Institute	**DOI:**	10.3390/plants12010207
Fecha:	2023-01-03	**Sitio web:**	mdpi.com
Editorial:	Multidisciplinary Digital Publishing Institute		

[s13] - https://www.mdpi.com/2073-4425/13/11/2043

Autor:	Li Li, Changkun Liu, Kunpeng Hou, Wenzhe Liu	**Título:**	Comparative Analyses of Plastomes of Four Anubias (Araceae) Taxa, Tropical Aquatic Plants Endemic to Africa
por:	Multidisciplinary Digital Publishing Institute	**DOI:**	10.3390/genes13112043
Fecha:	2022-11-05	**Sitio web:**	MDPI
Editorial:	Multidisciplinary Digital Publishing Institute		

[s14] - https://pmc.ncbi.nlm.nih.gov/articles/PMC3916945/

Autor:	Avdesh Avdesh, Mengqi Chen, Mathew T Martin-Iverson, Alinda Mondal, Daniel Ong, Stephanie Rainey-Smith, Kevin Taddei, Michael Lardelli, David M Groth, Giuseppe Verdile, Ralph N Martins	**Título:**	Regular Care and Maintenance of a Zebrafish (Danio rerio) Laboratory: An Introduction
por:	PubMed Central (PMC)	**DOI:**	10.3791/4196
Fecha:	2012 Nov 18	**Sitio web:**	PMC
Editorial:	Journal of Visualized Experiments : JoVE		

[s15] - https://pmc.ncbi.nlm.nih.gov/articles/PMC4521404/

Autor:	Christian Lawrence, Timothy Mason	**Título:**	Zebrafish Housing Systems: A Review of Basic Operating Principles and Considerations for Design and Functionality
por:	Boston Children's Hospital; Institute of Neuroscience, University of Oregon	**DOI:**	10.1093/ilar.53.2.179
Fecha:	2012	**Sitio web:**	PubMed Central (PMC)
Editorial:	ILAR journal / National Research Council, Institute of Laboratory Animal Resources		

[s16] - https://www.ncbi.nlm.nih.gov/books/NBK500413/

Autor:	Christian Lawrence, George E. Sanders, Carole Wilson	**Título:**	Aquatics - Management of Animal Care and Use Programs in Research, Education, and Testing - NCBI Bookshelf
por:	National Center for Biotechnology Information (NCBI)	**DOI:**	10.1201/9781315152189-24
Fecha:	2018	**Sitio web:**	NCBI Bookshelf
Editorial:	CRC Press/Taylor & Francis		

[s17] - https://pmc.ncbi.nlm.nih.gov/articles/PMC6421069/

Autor:	Sean McNamara, Marcin Wlizla, Marko E Horb	**Título:**	Husbandry, general care, and transportation of Xenopus laevis and Xenopus tropicalis
por:	National Xenopus Resource, Marine Biological Laboratory, Woods Hole, MA, USA	**DOI:**	10.1007/978-1-4939-8784-9_1
Fecha:	2018	**Sitio web:**	PubMed Central (PMC)

[s18] - https://pmc.ncbi.nlm.nih.gov/articles/PMC10732328/

Autor:	Kamalapriya V, Rekha Mani, Vijay Venkatesh, Seetha Kunhikannan, Shyam Ganesh V	**Título:**	The Role of Low Mineral Water Consumption in Reducing the Mineral Density of Bones and Teeth: A Narrative Review
por:	SRM Kattankulathur Dental College and Hospital; ICON Clinical Research Organisation	**DOI:**	10.7759/cureus.49119
Fecha:	2023 Nov 20	**Sitio web:**	PubMed Central (PMC)
Editorial:	Cureus		

[s19] - https://pmc.ncbi.nlm.nih.gov/articles/PMC3117238/

Autor:	Anthony J Siccardi, III, Steve Padgett-Vasquez, Heath W Garris, Tim R Nagy, Louis R D'Abramo, Stephen A Watts	**Título:**	Dietary Strontium Increases Bone Mineral Density in Intact Zebrafish (Danio rerio): A Potential Model System for Bone Research
por:	University of Alabama at Birmingham; Mississippi State University	**DOI:**	10.1089/zeb.2010.0654
Fecha:	2010 Sep	**Sitio web:**	PubMed Central (PMC)
Editorial:	Zebrafish		

[s20] - https://www.mdpi.com/2673-9410/2/1/9

Autor:	Hanan Al-Adilah, Martin C. Feiters, Lucy J. Carpenter, Puja Kumari, Carl J. Carrano, Dhia Al-Bader, Frithjof C. Küpper	**Título:**	Halogens in Seaweeds: Biological and Environmental Significance
por:	Multidisciplinary Digital Publishing Institute	**DOI:**	10.3390/phycology2010009
Fecha:	2022-02-18	**Sitio web:**	MDPI
Editorial:	Multidisciplinary Digital Publishing Institute		

[s21] - https://www.mdpi.com/2071-1050/13/24/13574

Autor:	Maria Rowena Robles Romana-Eguia, Mildred Patito Rutaquio, Reylan Caroscos Gutierrez, Nerissa Diaz Salayo	**Título:**	Assessment of Tilapia–Freshwater Prawn Co-Culture Schemes in Tanks and Lake-Based Cages for Increased Farm Production
por:	Multidisciplinary Digital Publishing Institute	**DOI:**	10.3390/su132413574
Fecha:	2021-12-08	**Editorial:**	Multidisciplinary Digital Publishing Institute

[s22] - https://pmc.ncbi.nlm.nih.gov/articles/PMC10756741/

Autor:	Qiang Chen, Shuting Huang, Jieyu Dai, Congcong Wang, Songming Chen, Yuanxin Qian, Yangyang Gong, Tao Han	**Título:**	Effects of Synthetic Astaxanthin on the Growth Performance, Pigmentation, Antioxidant Capacity, and Immune Response in Black Tiger Prawn (Penaeus monodon)
por:	Zhejiang Ocean University, Zhejiang NHU Co., Ltd.	**DOI:**	10.1155/2023/6632067
Fecha:	2023 Dec 22	**Sitio web:**	PMC
Editorial:	Aquaculture Nutrition		

[s23] - https://pmc.ncbi.nlm.nih.gov/articles/PMC10649180/

Autor:	Gregory A Lewbart, Trevor T Zachariah	**Título:**	Aquatic and Terrestrial Invertebrate Welfare
por:	NC State University, Brevard Zoo|Sea Turtle Healing Center	**DOI:**	10.3390/ani13213375
Fecha:	2023 Oct 31	**Sitio web:**	PubMed Central (PMC)
Editorial:	MDPI		

[s24] - https://pmc.ncbi.nlm.nih.gov/articles/PMC7152310/

Autor:	David A Warrell	**Título:**	Animals Hazardous to Humans
por:	National Center for Biotechnology Information (NCBI)	**DOI:**	10.1016/B978-1-4160-4390-4.00134-X
Fecha:	2012 Nov 28	**Sitio web:**	PubMed Central (PMC)
Editorial:	Hunter's Tropical Medicine and Emerging Infectious Disease		

[s25] - https://pmc.ncbi.nlm.nih.gov/articles/PMC8750641/

Autor:	Luigi Colin, Daniel Abed-Navandi, Dalia A Conde, Jamie Craggs, Rita da Silva, Max Janse, Björn Källström, Alexander Pearce-Kelly, Chris Yesson	**Título:**	What's left in the tank? Identification of non-ascribed aquarium's coral collections with DNA barcodes as part of an integrated diagnostic approach
DOI:	10.1007/s12686-021-01250-3	**Fecha:**	2022 Jan 11
Sitio web:	PubMed Central (PMC)	**Editorial:**	Springer Science and Business Media LLC

[s26] - https://pmc.ncbi.nlm.nih.gov/articles/PMC7695302/

Autor:	Christina Ripken, Konstantin Khalturin, Eiichi Shoguchi	**Título:**	Response of Coral Reef Dinoflagellates to Nanoplastics under Experimental Conditions Suggests Downregulation of Cellular Metabolism
por:	Okinawa Institute of Science and Technology Graduate University	**DOI:**	10.3390/microorganisms8111759
Fecha:	2020 Nov 9	**Sitio web:**	PubMed Central (PMC)
Editorial:	MDPI		

[s27] - https://pmc.ncbi.nlm.nih.gov/articles/PMC3088407/

Autor:	Elli Slaughter, Richard M Gersberg, Kayo Watanabe, John Rudolph, Chris Stransky, Thomas E Novotny	**Título:**	Toxicity of cigarette butts, and their chemical components, to marine and freshwater fish
por:	San Diego State University, Nautilus Environmental	**DOI:**	10.1136/tc.2010.040170
Fecha:	2011 May	**Sitio web:**	PubMed Central (PMC)
Editorial:	Tobacco Control		

[s28] - https://pmc.ncbi.nlm.nih.gov/articles/PMC9819327/

Autor:	Leonardo Alberghini, Alessandro Truant, Serena Santonicola, Giampaolo Colavita, Valerio Giaccone	**Título:**	Microplastics in Fish and Fishery Products and Risks for Human Health: A Review
por:	University of Padova; University of Molise	**DOI:**	10.3390/ijerph20010789
Fecha:	2022 Dec 31	**Sitio web:**	PubMed Central (PMC)
Editorial:	International Journal of Environmental Research and Public Health		

[s29] - https://pmc.ncbi.nlm.nih.gov/articles/PMC9205308/

Autor:	Natalia Zolotova, Anna Kosyreva, Dzhuliia Dzhalilova, Nikolai Fokichev, Olga Makarova	**Título:**	Harmful effects of the microplastic pollution on animal health: a literature review
por:	PMC (PubMed Central)	**DOI:**	10.7717/peerj.13503
Fecha:	2022 Jun 14	**Sitio web:**	pmc.ncbi.nlm.nih.gov
Editorial:	PeerJ		

[s30] - https://pmc.ncbi.nlm.nih.gov/articles/PMC4180258/

Autor:	Annette Taugbøl, Tina Arntsen, Kjartan Østbye, Leif Asbjørn Vø llestad	**Título:**	Small Changes in Gene Expression of Targeted Osmoregulatory Genes When Exposing Marine and Freshwater Threespine Stickleback (Gasterosteus aculeatus) to Abrupt Salinity Transfers
por:	University of Oslo, Hedmark University College	**DOI:**	10.1371/journal.pone.0106894
Fecha:	2014 Sep 29	**Sitio web:**	PubMed Central (PMC)
Editorial:	PLoS ONE		

[s31] - https://pubmed.ncbi.nlm.nih.gov/19454313/

Autor:	Bodnar AG	**Título:**	Marine invertebrates as models for aging research
DOI:	10.1016/j.exger.2009.05.001	**Fecha:**	2009 Aug
Sitio web:	PubMed	**Editorial:**	Exp Gerontol

[s32] - https://www.mdpi.com/2673-5636/4/1/11

Autor:	Arabella E. Graves, Jemma E. Dias, Christopher J. Michaels	**Título:**	Effects of Background Color on Stress-Linked Behavior in the Critically Endangered Lake Oku Clawed Frog (Xenopus longipes)
por:	Multidisciplinary Digital Publishing Institute	**DOI:**	10.3390/jzbg4010011
Fecha:	2023-02-02	**Sitio web:**	mdpi.com
Editorial:	Multidisciplinary Digital Publishing Institute		

[s33] - https://pmc.ncbi.nlm.nih.gov/articles/PMC6039869/

Autor:	R Woodbridge, MP Sullivan, E Harding, S Crutch, KJ Gilhooly, MLM Gilhooly, A McIntyre, L Wilson	**Título:**	Use of the physical environment to support everyday activities for people with dementia: A systematic review
por:	Brunel University, UK; University College, UK	**DOI:**	10.1177/1471301216648670
Fecha:	2016 Aug 4	**Sitio web:**	PubMed Central (PMC)
Editorial:	SAGE Publications		

[s34] - https://www.mdpi.com/1424-2818/13/10/465

Autor:	Courtney E. Stuart, Lisa M. Wedding, Simon J. Pittman, Stephanie J. Green	**Título:**	Habitat Suitability Modeling to Inform Seascape Connectivity Conservation and Management
por:	Multidisciplinary Digital Publishing Institute	**DOI:**	10.3390/d13100465
Fecha:	2021-09-26	**Sitio web:**	MDPI
Editorial:	Multidisciplinary Digital Publishing Institute		

[s35] - https://www.mdpi.com/2073-4360/13/4/594

Autor:	Pavel Brdlík, Martin Borůvka, Luboš Běhálek, Petr Lenfeld	**Título:**	Biodegradation of Poly(Lactic Acid) Biocomposites under Controlled Composting Conditions and Freshwater Biotope
por:	Multidisciplinary Digital Publishing Institute	**DOI:**	10.3390/polym13040594
Fecha:	2021-02-16	**Sitio web:**	MDPI
Editorial:	Multidisciplinary Digital Publishing Institute		

[s36] - https://journals.plos.org/plosone/article?id=10.1371/journal.pone.0278877

Autor:	Zhigang Li, Jiaxing Zhu	**Título:**	Assessment and spatial partitioning of ecosystem services importance in Giant Panda National Park: To provide targeted ecological protection
DOI:	10.1371/journal.pone.0278877	**Fecha:**	Dec 9, 2022
Sitio web:	PLOS ONE	**Editorial:**	Public Library of Science

[s37] - https://www.mdpi.com/1424-8220/20/13/3742

Autor:	Alia Ghaddar, Ahmad Merei, Enrico Natalizio	**Título:**	PPS: Energy-Aware Grid-Based Coverage Path Planning for UAVs Using Area Partitioning in the Presence of NFZs
por:	Multidisciplinary Digital Publishing Institute	**DOI:**	10.3390/s20133742
Fecha:	2020-07-03	**Sitio web:**	MDPI
Editorial:	Multidisciplinary Digital Publishing Institute		

[s38] - https://pmc.ncbi.nlm.nih.gov/articles/PMC6663029/

Autor:	Heather Clements, Stephanie Valentin, Nicholas Jenkins, Jean Rankin, Julien S Baker, Nancy Gee, Donna Snellgrove, Katherine Sloman	**Título:**	The effects of interacting with fish in aquariums on human health and well-being: A systematic review
por:	University of the West of Scotland, WALTHAM Centre for Pet Nutrition, State University of New York	**DOI:**	10.1371/journal.pone.0220524
Fecha:	2019 Jul 29	**Sitio web:**	PubMed Central (PMC)
Editorial:	PLoS ONE		

[s39] - https://doi.org/10.47982/cgc.8.409

Autor:	Catie Newell, Ryan Craney	**Título:**	Color Depth
por:	University of Michigan	**DOI:**	10.47982/cgc.8.409
Fecha:	2022-06-20	**Sitio web:**	Challenging Glass Conference Proceedings

[s40] - https://pubmed.ncbi.nlm.nih.gov/19878820/

Autor:	Rocha KM; Vabre L; Krueger RR	**Título:**	Expanding depth of focus by modifying higher-order aberrations induced by an adaptive optics visual simulator
por:	National Center for Biotechnology Information (NCBI)	**DOI:**	10.1016/j.jcrs.2009.05.059
Fecha:	2009 Nov	**Sitio web:**	PubMed
Editorial:	J Cataract Refract Surg		

[s41] - https://pubmed.ncbi.nlm.nih.gov/15743612/

Autor:	Frederick A A Kingdom, Sohil Rangwala, Karim Hammamji	**Título:**	Chromatic properties of the colour-shading effect
DOI:	10.1016/j.visres.2004.11.023	**Fecha:**	2005 May
Sitio web:	PubMed	**Editorial:**	Vision Res

[s42] - https://pmc.ncbi.nlm.nih.gov/articles/PMC6579845/

Autor:	Francisco Javier Sánchez-Vázquez, Jose Fernando López-Olmeda, Luisa Maria Vera, Herve Migaud, Marcos Antonio López-Patiño, Jesús M Mí guez	**Título:**	Environmental Cycles, Melatonin, and Circadian Control of Stress Response in Fish
por:	University of Murcia; University of Stirling; University of Vigo	**DOI:**	10.3389/fendo.2019.00279
Fecha:	2019 Jun 11	**Sitio web:**	PubMed Central (PMC)
Editorial:	Frontiers in Endocrinology		

[s43] - https://pmc.ncbi.nlm.nih.gov/articles/PMC9640449/

Autor:	Mohamed E Abd El-Hack, Mohamed T El-Saadony, Maha M Nader, Heba M Salem, Amira M El-Tahan, Soliman M Soliman, Asmaa F Khafaga	**Título:**	Effect of environmental factors on growth performance of Nile tilapia (Oreochromis niloticus)
DOI:	10.1007/s00484-022-02347-6	**Fecha:**	2022 Aug 31
Sitio web:	PubMed Central (PMC)	**Editorial:**	International Journal of Biometeorology

[s44] - https://pmc.ncbi.nlm.nih.gov/articles/PMC3916945/

Autor:	Avdesh Avdesh, Mengqi Chen, Mathew T Martin-Iverson, Alinda Mondal, Daniel Ong, Stephanie Rainey-Smith, Kevin Taddei, Michael Lardelli, David M Groth, Giuseppe Verdile, Ralph N Martins	**Título:**	Regular Care and Maintenance of a Zebrafish (Danio rerio) Laboratory: An Introduction
DOI:	10.3791/4196	**Fecha:**	2012 Nov 18
Sitio web:	PubMed Central (PMC)	**Editorial:**	Journal of Visualized Experiments : JoVE

[s45] - https://pmc.ncbi.nlm.nih.gov/articles/PMC7678922/

Autor:	Helene Volkoff, Ivar Rønnestad	**Título:**	Effects of temperature on feeding and digestive processes in fish
por:	National Library of Medicine (NLM), National Institutes of Health (NIH)	**DOI:**	10.1080/23328940.2020.1765950
Fecha:	2020 May 18	**Sitio web:**	PubMed Central (PMC)
Editorial:	Temperature: Multidisciplinary Biomedical Journal		

[s46] - https://pmc.ncbi.nlm.nih.gov/articles/PMC4472382/

Autor:	Louise Maranda, May Lau, Sunita M Stewart, Olga T Gupta	**Título:**	A Novel Behavioral Intervention in Adolescents with Type 1 Diabetes Mellitus Improves Glycemic Control: Preliminary Results from a Pilot Randomized Control Trial
por:	University of Massachusetts Medical School; University of Texas Southwestern Medical Center	**DOI:**	10.1177/0145721714567235
Fecha:	2015 Jan 22	**Sitio web:**	PubMed Central (PMC)
Editorial:	The Diabetes educator		

[s47] - https://pmc.ncbi.nlm.nih.gov/articles/PMC7301644/

Autor:	Peter Aleström, Livia D'Angelo, Paul J Midtlyng, Daniel F Schorderet, Stefan Schulte-Merker, Frederic Sohm, Susan Warner	**Título:**	Zebrafish: Housing and husbandry recommendations
DOI:	10.1177/0023677219869037	**Fecha:**	2019 Sep 11
Sitio web:	PubMed Central (PMC)	**Editorial:**	Laboratory Animals

[s48] - https://pmc.ncbi.nlm.nih.gov/articles/PMC6936768/

Autor:	Alena Norton, Kitt F Franse, Tierney Daw, Latanya Gordon, Peter F Vitiello, Mary D Kinkel	**Título:**	Larval Rearing Methods for Small-scale Production of Healthy Zebrafish
por:	Appalachian State University; Sanford Research	**Fecha:**	2019
Sitio web:	PubMed Central (PMC)	**Editorial:**	Eastern biologist

[s49] - https://pmc.ncbi.nlm.nih.gov/articles/PMC9334006/

Autor:	Madison R Lichak, Joshua R Barber, Young Mi Kwon, Kerel X Francis, Andres Bendesky	**Título:**	Care and Use of Siamese Fighting Fish (Betta splendens) for Research
DOI:	10.30802/AALAS-CM-22-000051	**Fecha:**	2022 Jun
Sitio web:	PubMed Central (PMC)	**Editorial:**	Comparative Medicine

[s50] - https://pmc.ncbi.nlm.nih.gov/articles/PMC3916945/

Autor:	Avdesh Avdesh, Mengqi Chen, Mathew T Martin-Iverson, Alinda Mondal, Daniel Ong, Stephanie Rainey-Smith, Kevin Taddei, Michael Lardelli, David M Groth, Giuseppe Verdile, Ralph N Martins	**Título:**	Regular Care and Maintenance of a Zebrafish (Danio rerio) Laboratory: An Introduction
DOI:	10.3791/4196	**Fecha:**	2012 Nov 18
Sitio web:	PubMed Central (PMC)	**Editorial:**	Journal of Visualized Experiments : JoVE

[s51] - https://pmc.ncbi.nlm.nih.gov/articles/PMC10375971/

Autor:	Sabrina Brando, Max Norman	**Título:**	Handling and Training of Wild Animals: Evidence and Ethics-Based Approaches and Best Practices in the Modern Zoo
por:	AnimalConcepts	**DOI:**	10.3390/ani13142247
Fecha:	2023 Jul 9	**Sitio web:**	PubMed Central (PMC)
Editorial:	MDPI		

[s52] - https://pmc.ncbi.nlm.nih.gov/articles/PMC3916945/

Autor:	Avdesh Avdesh, Mengqi Chen, Mathew T Martin-Iverson, Alinda Mondal, Daniel Ong, Stephanie Rainey-Smith, Kevin Taddei, Michael Lardelli, David M Groth, Giuseppe Verdile, Ralph N Martins	**Título:**	Regular Care and Maintenance of a Zebrafish (Danio rerio) Laboratory: An Introduction
DOI:	10.3791/4196	**Fecha:**	2012 Nov 18
Sitio web:	PubMed Central (PMC)	**Editorial:**	Journal of Visualized Experiments : JoVE

[s53] - https://pmc.ncbi.nlm.nih.gov/articles/PMC8528056/

Autor:	Ciku Mathenge, Yadav Ganesh Prasad	**Título:**	Cleaning the operating theatre
por:	University of Rwanda, Dr Agarwal's Group of Eye Hospitals	**Fecha:**	2021 Jul 20
Sitio web:	PubMed Central (PMC)	**Editorial:**	Community Eye Health

[s54] - https://pmc.ncbi.nlm.nih.gov/articles/PMC3916945/

Autor:	Avdesh Avdesh, Mengqi Chen, Mathew T Martin-Iverson, Alinda Mondal, Daniel Ong, Stephanie Rainey-Smith, Kevin Taddei, Michael Lardelli, David M Groth, Giuseppe Verdile, Ralph N Martins	**Título:**	Regular Care and Maintenance of a Zebrafish (Danio rerio) Laboratory: An Introduction
DOI:	10.3791/4196	**Fecha:**	2012 Nov 18
Sitio web:	PubMed Central (PMC)	**Editorial:**	Journal of Visualized Experiments : JoVE

[s55] - https://pmc.ncbi.nlm.nih.gov/articles/PMC7121614/

Autor:	Ishrat Bashir, F A Lone, Rouf Ahmad Bhat, Shafat A Mir, Zubair A Dar, Shakeel Ahmad Dar	**Título:**	Concerns and Threats of Contamination on Aquatic Ecosystems
por:	Sher-e-Kashmir University of Agricultural Sciences and Technology, Jammu	**DOI:**	10.1007/978-3-030-35691-0_1
Fecha:	2020 Jan 27	**Sitio web:**	PMC

[s56] - https://pmc.ncbi.nlm.nih.gov/articles/PMC7498764/

Autor:	Norulhuda Mohamed Ramli, J A J Verreth, Fatimah M Yusoff, K Nurulhuda, N Nagao, Marc C J Verdegem	**Título:**	Integration of Algae to Improve Nitrogenous Waste Management in Recirculating Aquaculture Systems: A Review
por:	Aquaculture and Fisheries Group, Wageningen University & Research; Department of Biological and Agricultural Engineering, Faculty of Engineering, Universiti Putra Malaysia; International Institute of Aquaculture and Aquatic Sciences, Universiti Putra Malaysia; Department of Aquaculture, Faculty of Agriculture, Universiti Putra Malaysia; Bluescientific Shinkamigoto Co. Ltd.	**DOI:**	10.3389/fbioe.2020.01004
Fecha:	2020 Sep 4	**Sitio web:**	PMC (PubMed Central)
Editorial:	Frontiers in Bioengineering and Biotechnology		

[s57] - https://pmc.ncbi.nlm.nih.gov/articles/PMC9046449/

Autor:	Hao-Ren Feng, Jian-An Wang, Liang Wang, Jia-Mei Jin, Shu-Wen Wu, Charles-C Zhou	**Título:**	Study on a novel omnidirectional ultrasonic cavitation removal system for Microcystis aeruginosa
por:	Nanjing University of Aeronautics and Astronautics; AVIC Taiyuan Aero-Instruments Co., Ltd.; Zhejiang Refine Environmental Technology, Corp. Ltd.	**DOI:**	10.1016/j.ultsonch.2022.106008
Fecha:	2022 Apr 20	**Sitio web:**	PMC (PubMed Central)
Editorial:	Ultrasonics Sonochemistry		

[s58] - https://pmc.ncbi.nlm.nih.gov/articles/PMC8306311/

Autor:	Assaf Sukenik, Aaron Kaplan	**Título:**	Cyanobacterial Harmful Algal Blooms in Aquatic Ecosystems: A Comprehensive Outlook on Current and Emerging Mitigation and Control Approaches
DOI:	10.3390/microorganisms9071472	**Fecha:**	2021 Jul 9
Sitio web:	PubMed Central (PMC)	**Editorial:**	MDPI

[s59] - https://pmc.ncbi.nlm.nih.gov/articles/PMC4521404/

Autor:	Christian Lawrence, Timothy Mason	**Título:**	Zebrafish Housing Systems: A Review of Basic Operating Principles and Considerations for Design and Functionality
DOI:	10.1093/ilar.53.2.179	**Fecha:**	2012
Sitio web:	PubMed Central (PMC)	**Editorial:**	ILAR journal / National Research Council, Institute of Laboratory Animal Resources

[s60] - https://www.ncbi.nlm.nih.gov/books/NBK11769/

Autor:	Tord Kjellstrom, Madhumita Lodh, Tony McMichael, Geetha Ranmuthugala, Rupendra Shrestha, Sally Kingsland	**Título:**	Air and Water Pollution: Burden and Strategies for Control
por:	The International Bank for Reconstruction and Development / The World Bank	**Fecha:**	2006
Sitio web:	NCBI Bookshelf	**Editorial:**	The International Bank for Reconstruction and Development / The World Bank

[s61] - https://pmc.ncbi.nlm.nih.gov/articles/PMC3775162/

Autor:	Pallav Sengupta	**Título:**	Potential Health Impacts of Hard Water
Fecha:	2013 Aug	**Sitio web:**	PubMed Central (PMC)
Editorial:	International Journal of Preventive Medicine		

[s62] - https://pmc.ncbi.nlm.nih.gov/articles/PMC2265038/

Autor:	Adrian Burton	**Título:**	Cardiovascular Health: Hard Data for Hard Water
DOI:	10.1289/ehp.116-a114a	**Fecha:**	2008 Mar
Sitio web:	PubMed Central (PMC)	**Editorial:**	Environmental Health Perspectives

[s63] - https://pmc.ncbi.nlm.nih.gov/articles/PMC7025357/

Autor:	Hugh Leonard, Taryn Pile	**Título:**	Hard water syndrome: a case series of 30 patients from a London haemodialysis unit
por:	Department of Renal Medicine, Guy's and St Thomas' NHS Foundation Trust, London, UK	**DOI:**	10.1093/ckj/sfz050
Fecha:	2019 May 12	**Sitio web:**	PubMed Central (PMC)
Editorial:	Clinical Kidney Journal		

[s64] - https://pmc.ncbi.nlm.nih.gov/articles/PMC10276130/

Autor:	M C Buckingham, C D'Angelo, T B Chalk, G L Foster, K G Johnson, Z Connelly, C Olla, M Saeed, J Wiedenmann	**Título:**	Impact of nitrogen (N) and phosphorus (P) enrichment and skewed N:P stoichiometry on the skeletal formation and microstructure of symbiotic reef corals
por:	School of Ocean and Earth Science (SOES), University of Southampton, Southampton, UK; Natural History Museum, London, UK	**DOI:**	10.1007/s00338-022-02223-0
Fecha:	2022 Apr 20	**Sitio web:**	PubMed Central (PMC)
Editorial:	SpringerOpen		

[s65] - https://www.mdpi.com/2076-2615/13/16/2548

Autor:	Stephen A. Smith	**Título:**	Fish Welfare in Public Aquariums and Zoological Collections
por:	Multidisciplinary Digital Publishing Institute	**DOI:**	10.3390/ani13162548
Fecha:	2023-08-08	**Sitio web:**	MDPI
Editorial:	Multidisciplinary Digital Publishing Institute		

[s66] - https://www.mdpi.com/1424-8220/18/3/750

Autor:	Lorena Parra, Sandra Sendra, Laura García, Jaime Lloret	**Título:**	Design and Deployment of Low-Cost Sensors for Monitoring the Water Quality and Fish Behavior in Aquaculture Tanks during the Feeding Process
por:	Multidisciplinary Digital Publishing Institute	**DOI:**	10.3390/s18030750
Fecha:	2018-03-01	**Sitio web:**	MDPI
Editorial:	Multidisciplinary Digital Publishing Institute		

[s67] - https://pmc.ncbi.nlm.nih.gov/articles/PMC8656607/

Autor:	Emily Ying Yang Chan, Kimberley Hor Yee Tong, Caroline Dubois, Kiara Mc Donnell, Jean H Kim, Kevin Kei Ching Hung, Kin On Kwok	**Título:**	Narrative Review of Primary Preventive Interventions against Water-Borne Diseases: Scientific Evidence of Health-EDRM in Contexts with Inadequate Safe Drinking Water
DOI:	10.3390/ijerph182312268	**Fecha:**	2021 Nov 23
Sitio web:	PubMed Central (PMC)	**Editorial:**	International Journal of Environmental Research and Public Health

Fuentes de imágenes

Las imágenes no listadas son de creación propia o fueron adquiridas con la licencia correspondiente. Todos los derechos están reservados para estas imágenes.

Para todas las demás imágenes listadas aquí:
Ninguna de las imágenes fue modificada, solo se ajustó la resolución. En la versión eBook, las imágenes se compilaron en collages numerados. Todas las imágenes permanecen sujetas a su licencia original y se utilizan de acuerdo con sus respectivos términos de licencia. Si descubre errores de atribución u otras discrepancias, contáctenos.

Fecha de la revisión final de la imagen: 2025-02-12.

Licencia utilizada

CC0 http://creativecommons.org/publicdomain/zero/1.0/deed.en

Créditos de imágenes

[i1] - 001_001_002_image_photosynthese.jpeg
https://upload.wikimedia.org/wikipedia/commons/f/f4/Leaf_1_web.jpg

Date:	2003-01-05	**por:**	Weft
Artista:	Jon Sullivan	**License:**	Public domain

[i2] - 001_002_002_image_moos.jpeg
https://upload.wikimedia.org/wikipedia/commons/3/30/Decorative_Moss_Balls_3.jpg

Date:	2021-04-26	**por:**	Coughdrop12
Artista:	Alaska Region U.S. Fish & Wildlife Service	**License:**	Public domain

[i3] - 001_002_002_image_aquarienpflanze.jpeg
https://upload.wikimedia.org/wikipedia/commons/a/a8/Amaterske_akvarium.jpg

Date:	2006-08-23	**por:**	Shizhao
Artista:	Aleš Tošovský	**License:**	Public domain

[i4] - 001_003_001_image_ammoniak.jpeg
https://upload.wikimedia.org/wikipedia/commons/0/05/Ammonia-3D-balls-A.png

Date:	2008-04-29	**por:**	Benjah-bmm27
Artista:	Ben Mills	**License:**	Public domain

[i5] - 001_003_002_image_strontium.jpeg
https://upload.wikimedia.org/wikipedia/commons/8/8b/Strontianite_Strontium_carbonate_Barstow_San_Bernardino_County_California_1845.jpg

Date:	2007-04-15	**por:**	Dyet
Artista:	http://www.shutterstone.com	**License:**	Public domain

[i6] - 001_003_002_image_fischskelett.jpeg
https://upload.wikimedia.org/wikipedia/commons/e/ee/605Ants_of_the_Philippines_eating_fish_skeletons_21.jpg

Date:	2020-09-26	**por:**	Judgefloro
License:	CC0		

[i7] - 002_001_001_image_frostfutter.jpeg
https://upload.wikimedia.org/wikipedia/commons/f/f7/Frozen_fresh_cod_fillet.jpg

Date:	2024-07-09	**por:**	Fumikas Sagisavas
License:	CC0		

[i8] - 002_001_001_image_salmler.jpeg
https://upload.wikimedia.org/wikipedia/commons/c/cc/Bucktoothed_Tetra_Image_001.jpg

Date:	2007-03-01	**por:**	Ltshears
License:	Public domain		

[i9] - 002_001_002_image_astaxanthin.jpeg
https://upload.wikimedia.org/wikipedia/commons/0/01/Astaxanthin-3D-spacefill.png

Date:	2011-06-09	**por:**	Jynto
License:	CC0		

[i10] - 002_002_001_image_abschaeumer.jpeg
https://upload.wikimedia.org/wikipedia/commons/d/d7/Reef_Aquarium_New_Sump.jpg

Date:	5 May 2008	**por:**	File Upload Bot (Magnus Manske)
Artista:	Gtstricky	**License:**	Public domain

[i11] - 002_002_002_image_kiemen.jpeg
https://upload.wikimedia.org/wikipedia/commons/5/53/Fish_gills_in_Tokyo.jpg

Date:	2021-07-06	**por:**	Syced
License:	CC0		

[i12] - 002_002_003_image_detritus.jpeg
https://upload.wikimedia.org/wikipedia/commons/4/49/Hoja_terminalia.jpg

Date:	2008-12-01	**por:**	M3 SHERPA
License:	Public domain		

[i13] - 002_002_003_image_parasit_fisch.jpeg
https://upload.wikimedia.org/wikipedia/commons/0/09/Fish%27s_parasite.jpg

Date:	2006-08-29	**por:**	Dante
License:	Public domain		

[i14] - 002_002_003_image_putzergarnele.jpeg
https://upload.wikimedia.org/wikipedia/commons/e/ed/Spotted_cleaner_shrimp.jpg

Date:	2020-02-10	**por:**	Togabi
License:	Public domain		

[i15] - 002_003_003_image_microsorum.jpeg
https://upload.wikimedia.org/wikipedia/commons/8/89/Microsorum_pteropus.jpg

Date:	31 March 2006	**por:**	File Upload Bot (Magnus Manske)
Artista:	Tsunamicarlos	**License:**	Public domain

[i16] - 002_003_003_image_vallisneria_gigantea.jpeg
https://upload.wikimedia.org/wikipedia/commons/8/8d/Vallisneria_americana_%28USDA%29.jpg

Date:	2006-08-02	**por:**	Nonenmac
Artista:	William & Wilma Follette, USDA NRCS, 1992. Western wetland flora: Field office guide to plant species. West Region, Sacramento, CA. Courtesy of USDA NRCS Wetland Science Institute.	**License:**	Public domain

[i17] - 003_001_001_image_biotop.jpeg
https://upload.wikimedia.org/wikipedia/commons/1/10/Knolparasolzwammen._09-11-2023._%28d.j.b%29.jpg

Date:	2023-11-09	**por:**	Famberhorst
Artista:	Dominicus Johannes Bergsma	**License:**	CC0

[i18] - 003_001_001_image_laichplatz.jpeg
https://upload.wikimedia.org/wikipedia/commons/9/9a/Spawning_sockeye_salmon.jpg

Date:	2008-11-10	**por:**	Epipelagic
Artista:	Unknown authorUnknown author	**License:**	Public domain

[i19] - 003_001_002_image_aquascape.jpeg
https://upload.wikimedia.org/wikipedia/commons/5/50/Aquascape_mini.jpg

Date:	2025-01-04	**por:**	Trstcantik
License:	CC0		

[i20] - 003_001_002_image_nanocube.jpeg
https://upload.wikimedia.org/wikipedia/commons/b/b7/Nano-Reef_Aquarium.jpg

Date:	2011-01-08	**por:**	T137
Artista:	Dria1975	**License:**	Public domain

[i21] - 003_001_002_image_wurzel_aquarium.jpeg
https://upload.wikimedia.org/wikipedia/commons/1/1b/Snail_3539289564.jpg

Date:	2022-02-24	**por:**	*ngoomie
Artista:	ngoomie	**License:**	CC0

[i22] - 003_001_003_image_mangroven.jpeg
https://upload.wikimedia.org/wikipedia/commons/b/b9/Mangrove_forest_at_ZhanJiang.jpg

Date:	28 July 2022	**por:**	ElectronicGhost
Artista:	一只星步甲	**License:**	CC0

[i23] - 003_002_001_image_aquascaping.jpeg
https://upload.wikimedia.org/wikipedia/commons/e/e7/58g_aquascape.jpg

Date:	2006-08-23	**por:**	Shizhao
Artista:	Tsunamicarlos	**License:**	Public domain

[i24] - 003_002_002_image_fischschwarm.jpeg
https://upload.wikimedia.org/wikipedia/commons/6/6b/Nagoya_Aquarium_%2815%29.jpg

Date:	2016-07-15	**por:**	Maplestrip
License:	CC0		

[i25] - 003_002_003_image_hoehle_aquarium.jpeg
https://upload.wikimedia.org/wikipedia/commons/5/5f/Astyanax_jordani_T%C3%A9tra_aveugle_Aquarium_Li%C3%A8ge_30012016_02.jpg

Date:	2016-01-30	**por:**	Vassil
License:	CC0		

[i26] - 003_003_001_image_sphaerische_aberration.jpeg
https://upload.wikimedia.org/wikipedia/commons/1/10/Spherical-aberration-slice.jpg

Date:	14 June 2005	**por:**	Undead warrior
Artista:	Mdf	**License:**	Public domain

[i27] - 003_003_002_image_dekoration.jpeg
https://upload.wikimedia.org/wikipedia/commons/0/02/Aquarium_d%C3%A9co.jpg
Date: 2025-01-14 **por:** Fafa25TN
License: CC0

[i28] - 003_003_002_image_fisch.jpeg
https://upload.wikimedia.org/wikipedia/commons/b/b7/Aquarium_Fish_1.jpg
Date: 1 August 2006 **por:** File Upload Bot (Magnus Manske)
Artista: Mitternacht90 **License:** Public domain

[i29] - 003_003_003_image_farbtemperatur.jpeg
https://upload.wikimedia.org/wikipedia/commons/6/6d/Color_temperature_comparison_of_5_CFLs.jpg
Date: 2012-04-30 **por:** Splarka
License: Public domain

[i30] - 004_001_001_image_salinenkrebschen.jpeg
https://upload.wikimedia.org/wikipedia/commons/1/19/Artemia_%28YPM_IZ_098733%29.jpeg
Date: 2019-07-09 **por:** Christian Ferrer
Artista: class="fn value"> Sikander Kiani **License:** CC0

[i31] - 004_001_002_image_salinitaet.jpeg
https://upload.wikimedia.org/wikipedia/commons/f/f5/Paracheirodon_axelrodi_2.jpg
por: Fæ **Artista:** Paolo Neo
License: Public domain

[i32] - 004_001_003_image_aquarienschwamm.jpeg
https://upload.wikimedia.org/wikipedia/commons/0/02/MBNMS_-_Yellow_Ruffle_Sponge_-_Davidson_Seamount_%2831516263452%29.jpg
Date: 2016-12-06 **por:** Orizan
Artista: National Marine Sanctuaries **License:** Public domain

---

[i33] - 004_002_002_image_schwammfilter.jpeg
https://upload.wikimedia.org/wikipedia/commons/3/35/000_easy_sponge_filter_for_betta_aquarium.jpg
Date: 2009-01 **por:** Fishoftheworld
Artista: Yo Lopera **License:** Public domain

[i34] - 004_002_003_image_seitentriebe.jpeg
https://upload.wikimedia.org/wikipedia/commons/6/6e/Aronia_-_Borlhon.jpg
Date: 2024-03-08 **por:** Jiròni B.
License: CC0

[i35] - 004_002_003_image_auslaeufer.jpeg
https://upload.wikimedia.org/wikipedia/commons/3/36/Runners_%28PSF%29.png
Date: 2019-08-16 **por:** Encik Tekateki
Artista: Pearson Scott Foresman **License:** Public domain

[i36] - 004_002_003_image_wasserparameter.jpeg
https://upload.wikimedia.org/wikipedia/commons/6/6b/NATIONAL_WATER_QUALITY_LABORATORY%2C_AQUATIC_BIOLOGIST_WESLEY_SMITH%2C_REMOVES_A_SUBSTRATE_FROM_THE_BANK_OF_AQUARIUM..._-_NARA_-_551588.jpg
Date: June **por:** US National Archives bot
Artista: NARA record: 3045077 **License:** Public domain

[i37] - 004_003_002_image_kalkablagerungen.jpeg
https://upload.wikimedia.org/wikipedia/commons/0/04/Calcium_carbonate_formations%2C_Mammoth_Hot_Springs_%2849200868036%29.jpg
Date: 2019-12-06 **por:** Ser Amantio di Nicolao
Artista: Yellowstone National Park **License:** Public domain

---

[i38] - 005_001_002_image_algenreaktor.jpeg
https://upload.wikimedia.org/wikipedia/commons/1/19/BasicHomemadeAlgaeScrubber.jpg

Date:	2011-05-09	**por:**	SantaMonicaMale
License:	CC0		

[i39] - 005_001_002_image_otocinclus_wels.jpeg
https://upload.wikimedia.org/wikipedia/commons/b/bd/OtocinclusAffinis.jpg

Date:	29 December 2006	**por:**	Rcfernandes
License:	Public domain		

[i40] - 005_001_002_image_posthornschnecke.jpeg
https://upload.wikimedia.org/wikipedia/commons/f/f4/Planorbella_trivolvis.jpg

Date:	2005-08-03	**por:**	Snek01
License:	Public domain		

[i41] - 005_001_002_image_amanogarnele.jpeg
https://upload.wikimedia.org/wikipedia/commons/d/d3/DSCN8033_1.sized.jpg

Date:	2007-03-08	**por:**	Marrabbio2
Artista:	[2]	**License:**	Public domain

[i42] - 005_001_003_image_cyanobakterien.jpeg
https://upload.wikimedia.org/wikipedia/commons/0/08/Blue-green_algae_on_Emerald_Terrace.jpg

Date:	2019-07-27	**por:**	Pseudopanax
License:	Public domain		

[i43] - 005_002_002_image_magnesium.jpeg
https://upload.wikimedia.org/wikipedia/commons/d/dd/Magnesium.jpg

Date:	2007-05-23	**por:**	Renamed user EUgxCtTxPS
Artista:	Maral10	**License:**	Public domain

[i44] - 005_002_002_image_natriumhydrogencarbonat.jpeg
https://upload.wikimedia.org/wikipedia/commons/8/81/Sodium_bicarbonate.jpg

Date:	2008-03-01	**por:**	Materialscientist
Artista:	Thavox	**License:**	Public domain

[i45] - 005_002_003_image_algen.jpeg
https://upload.wikimedia.org/wikipedia/commons/5/5a/Marine_algae_in_Gullmarsfjorden_at_S%C3%A4mstad_4.jpg

Date:	2019-07-12	**por:**	W.carter
License:	CC0		

[i46] - 005_002_003_image_nitrat.jpeg
https://upload.wikimedia.org/wikipedia/commons/3/3b/Nitrate-3D-balls.png

Date:	2007-04-23	**por:**	Benjah-bmm27
Artista:	Ben Mills	**License:**	Public domain

[i47] - 005_003_001_image_aquakultur.jpeg
https://upload.wikimedia.org/wikipedia/commons/4/41/Delta_Pride_Catfish_farm_harvest.jpg

Date:	desconocido	**por:**	Davepape
Artista:	Ken Hammond	**License:**	Public domain

[i48] - 005_003_001_image_balzverhalten.jpeg
https://upload.wikimedia.org/wikipedia/commons/6/62/Gr%C3%A8bejougrisparade.jpg

Date:	2005-07-12	**por:**	Archaeodontosaurus
Artista:	Dewhurst, Donna	**License:**	Public domain

[i49] - 005_003_001_image_stress_biologie.jpeg
https://upload.wikimedia.org/wikipedia/commons/b/b0/Long_finned_oscar.jpg

Date:	2007-12-19	**por:**	Rosarinagazo
Artista:	Kurt Auerbach	**License:**	Public domain

[i50] - 005_003_003_image_krankheitserreger.jpeg
https://upload.wikimedia.org/wikipedia/commons/0/0a/EPITHELIUM_%28GILL_COVERING%29_OF_A_CHANNEL_CATFISH_DAMAGED_BY_EXPOSURE_TO_METHYL_MERCURIC_CHLORIDE_IN_THE_WATER._CAMERA..._-_NARA_-_551615.jpg

Date:	June	**por:**	US National Archives bot
Artista:	NARA record: 3045077	**License:**	Public domain

Kolibri 360 GmbH
Ferdinand-Jühlke-Straße 7
99095 Erfurt, Deutschland
produktsicherheit@kolibri360.de